异育银鲫“中科 5 号”

异育银鲫“中科 5 号”（上）与“中科 3 号”（下）对比

福瑞鲤 2 号

福瑞鲤 2 号与对照组生长对比

滇池金线鲃“鲃优 1 号”

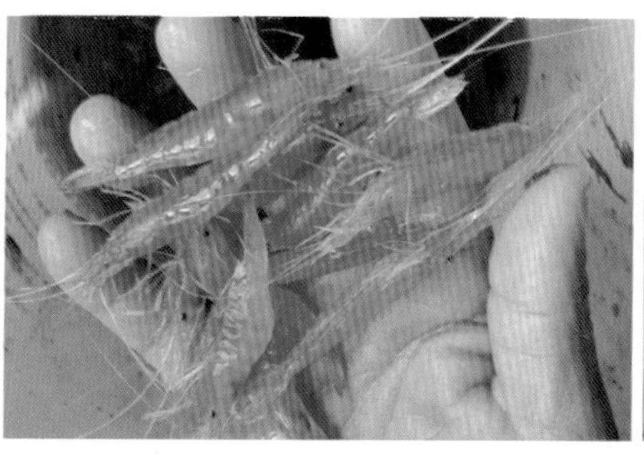

脊尾白虾“科苏红 1 号”

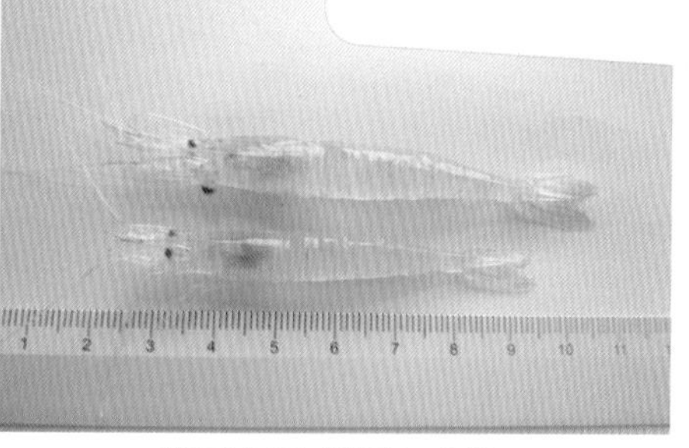

脊尾白虾“黄育 1 号”

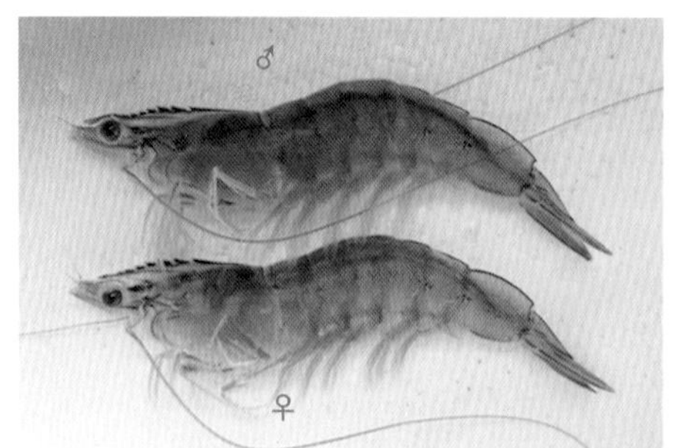

凡纳滨对虾“金正阳 1 号”

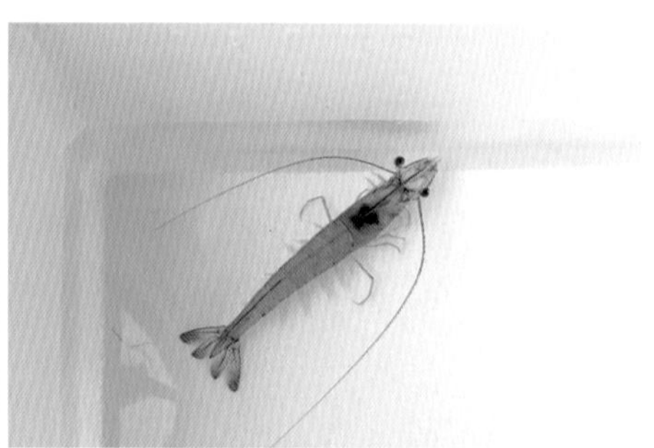

凡纳滨对虾“兴海 1 号”

刺参“安源 1 号”

刺参“东科 1 号”

刺参“参优 1 号”

太湖鲂鲌

扇贝“青农 2 号”（左）与对照系（右）

扇贝“青农 2 号”

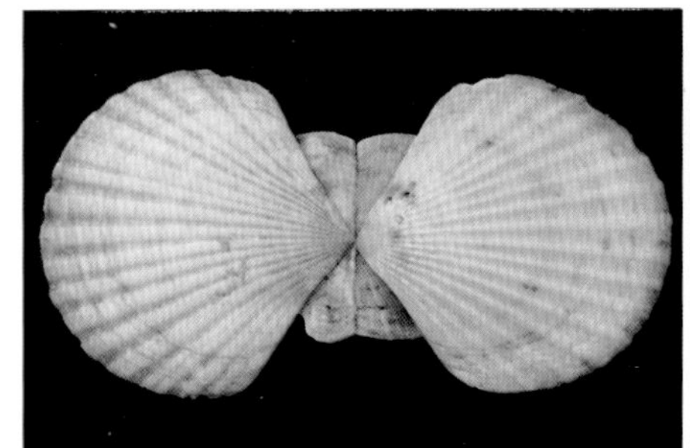

虾夷扇贝“明月贝”

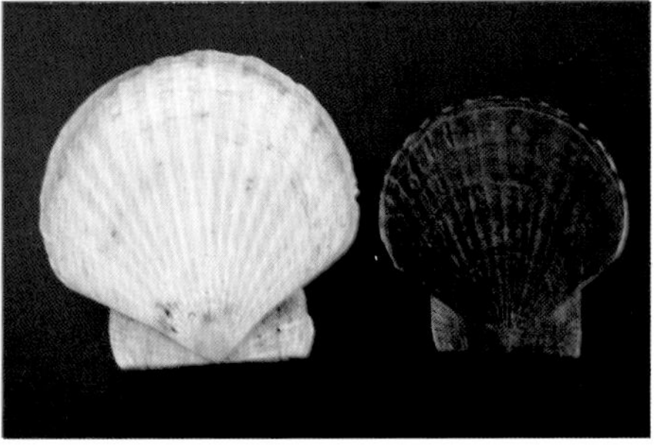

虾夷扇贝“明月贝”（左）与对照系（右）

文蛤“万里 2 号”

缢蛏“申浙1号”

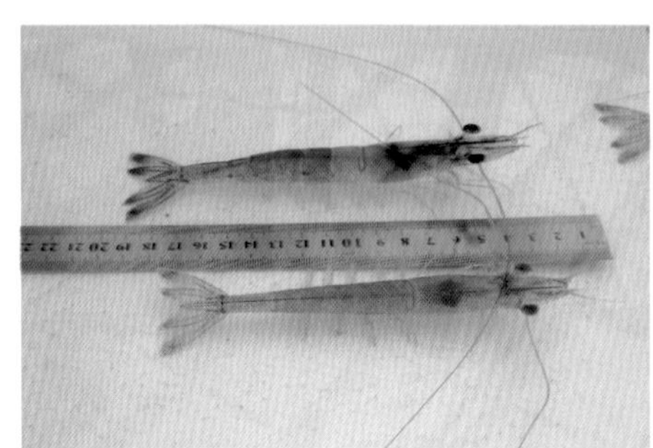

中国对虾“黄海5号”

青虾“太湖2号”（雌）

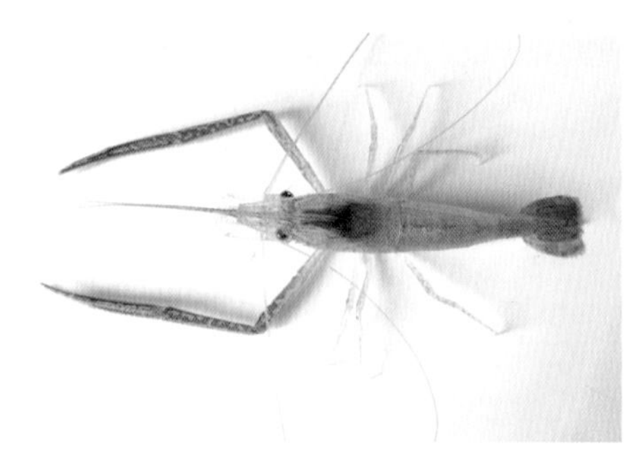

青虾“太湖2号”（雄）

斑节对虾“南海2号”

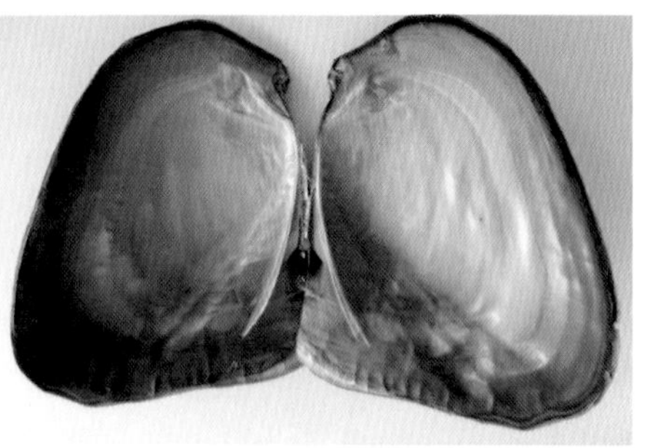

三角帆蚌“申紫1号”

2018水产新品种推广指南

2018 SHUICHAN XINPINZHONG TUIGUANG ZHINAN

全国水产技术推广总站　编

中国农业出版社
北　京

《2018 水产新品种推广指南》

编　委　会

前言

2018年5月21日，农业农村部第28号公告公布了第五届全国水产原种和良种审定委员会第五次会议审定通过的18个水产新品种及第二次会议审定通过的1个水产新品种。为促进这些新品种在水产养殖生产中的推广应用，我们组织相关单位的苗种培育和养殖技术专家编写了本书。

本书重点介绍了新品种的培育过程、品种特性、人工繁殖及养殖技术等，提供了良种供应单位信息，可供水产科研、推广、养殖技术人员和养殖生产者阅读参考。

水产新品种不适宜进行人工增殖放流，杂交新品种须在人工可控的环境下养殖。

本书的编写得到了新品种培育单位育种科技人员的大力支持，在此表示衷心感谢！因编者水平所限，书中不妥之处，敬请广大读者批评指正。

编　者

2018年6月

目 录

异育银鲫“中科5号”

一、品种概况

（一）培育背景

鲫是我国重要的大宗淡水养殖鱼类之一，适合在全国各种可控水体中养殖。鲫因适应性强、分布范围广、味道鲜美等特点，深受养殖户和消费者的欢迎。本培育单位于2008年培育成功的异育银鲫“中科3号”是目前鲫养殖中的主养品种。近十年的推广养殖结果表明，该品种具有明显的生长优势，同时因其体型、体色好，具有很好的市场接受度。但在养殖实践中，异育银鲫“中科3号”因放养密度不断增加，近年来孢子虫病和出血病也日益严重，另外在苗种培育中发现苗种培育成活率偏低。因此，本培育单位利用银鲫独特的异精雌核生殖，辅以授精后的冷休克处理以整入更多异源父本染色体或者染色体片段，筛选获得整入有团头鲂父本遗传信息、性状发生明显改变的个体作为育种核心群体，以生长优势和隆背性状为选育指标，用兴国红鲤精子刺激进行10代雌核生殖扩群，培育出新品种异育银鲫“中科5号”。

（二）育种过程

1. 亲本来源

育种的原始母本是经遗传标记鉴别的银鲫E系。培育单位对来源于黑龙江方正县双凤水库、鄱阳湖等水系的不同银鲫克隆系进行血清转铁蛋白、RAPD、SCAR、线粒体DNA和微卫星DNA等分子标记鉴定，从中鉴定出A、B、C、D、E系等十几个银鲫克隆系，将鉴定出的银鲫E系作为母本进行新品种培育。

育种的原始父本是团头鲂和兴国红鲤，团头鲂在中国科学院水生生物研究所官桥基地养殖保种，兴国红鲤来源于江西兴国红鲤原种场，引种后保存于中国科学院水生生物研究所官桥基地。

2. 技术路线

1995年利用团头鲂精子授精激活银鲫E系的卵子，再经冷休克处理创制雌核生殖核心群体，以生长优势和隆背性状为选育指标，用兴国红鲤精子刺激进行 10 代雌核生殖扩群，到 2013 年培育出异育银鲫“中科 5 号”。详细技术路线如图 1。

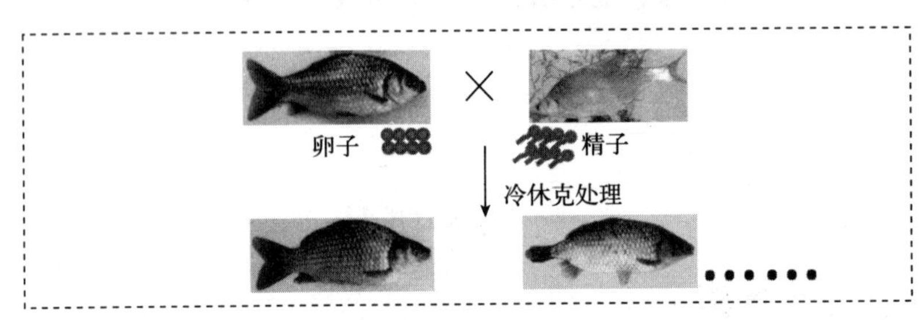

1995年：利用雌核生殖和冷休克进行银鲫育种核心群创制

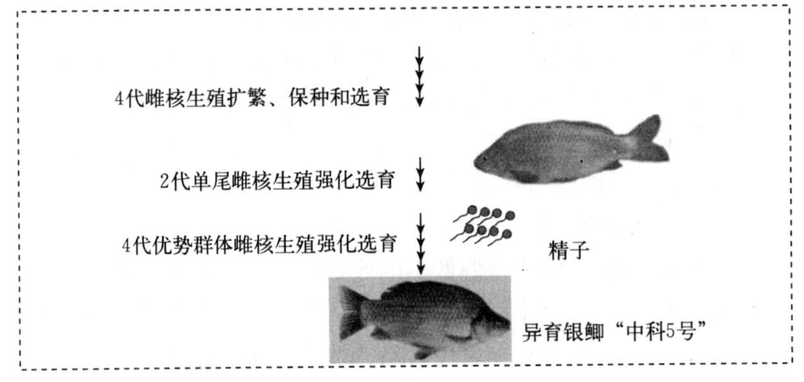

1996—2013年：连续10代雌核生殖选育，培育出异育银鲫“中科5号”
选育指标：隆背性状、生长速度快

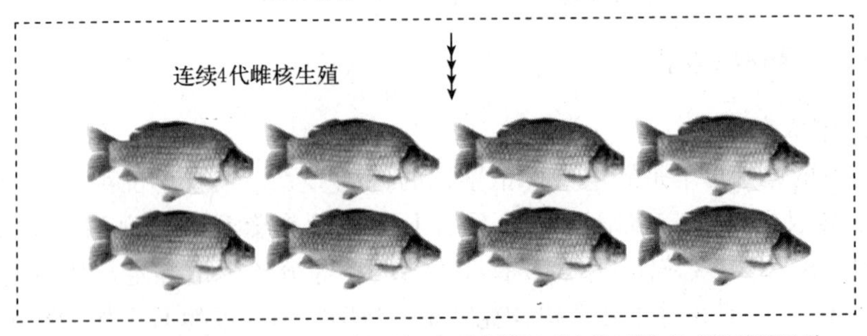

2014—2017年 ：连续4代雌核生殖扩群，以异育银鲫“中科3号”为对照养殖品种开展中试和生产性试验

图 1　技术路线

3. 培育过程

1995 年 4 月在中国科学院水生生物研究所官桥基地，利用团头鲂精子刺激银鲫 E 系的卵子进行雌核生殖，授精后进行冷休克（1～2 ℃，20 分钟）处

理，创制获得一个银鲫育种核心群体。选择120尾体型正常的雌核生殖和冷休克处理后的后代进行养殖，同年12月进行生长统计，共计成活个体37尾，个体之间分化明显，其中最大个体236克，最小个体79克，平均体重（169±36.5）克。其中少量个体具有明显隆背性状和生长优势，并以此为选育指标，开展银鲫新品种选育。转铁蛋白和SCAR等分子标记分析表明，该新克隆系（F系）来源于E系，具有与E系相同的转铁蛋白表型、SCAR和微卫星DNA等分子标记，而与D系和A系的遗传背景不同；核型和染色体荧光原位杂交结果表明核心育种群体除了含有母本E系的156条染色体之外，还含有来自团头鲂的超数微染色体片段，是一个融入有团头鲂精子DNA，性状发生改变，且具有养殖潜力的新品系。

1996年用体重超过200克、具有明显隆背性状的个体作为育种核心群体进行第一代雌核生殖，1997—2007年，进行了连续3代雌核生殖。每一代都从雌核生殖扩群养殖的3 000～5 000尾成鱼中选择具有明显隆背性状和生长优势的个体作为选育亲本，进行雌核生殖扩繁、保种和选育。

2008—2009年，每年从3 000尾成鱼中选择1尾具有明显隆背性状和最大个体进行了2代单尾雌核生殖强化选育，并于2009年将第6代雌核生殖后代与异育银鲫“中科3号”进行同池养殖，结果显示它们的平均体重低于异育银鲫“中科3号”，但正态分布分析表明新品系后代中存在少量明显具有生长优势的个体。

2010—2013年又进行了连续4代优势群体雌核生殖强化选育，从养殖的650～1 500尾成鱼中选择具有明显隆背性状和生长优势的个体，用兴国红鲤作为父本进行雌核生殖扩群选育，并与异育银鲫“中科3号”对比养殖。2013年繁殖的第10代雌核生殖后代个体表型趋于一致，平均体重明显高于异育银鲫“中科3号”，且遗传性状稳定，定名为异育银鲫“中科5号”。

2014—2017年，遗传稳定的异育银鲫“中科5号”又进行了连续4代雌核生殖，开展中试和生产性对比试验，同时开展遗传特征分析、分子模块标记鉴定和开发，以及抗病能力测试等试验。

（三）品种特性和中试情况

1. 生物学特性

背高而侧扁。鱼体背部较厚、呈灰黑色。头小，吻短钝，口端位，口裂斜，唇较厚，口角无须，下颌部至胸鳍基部呈平缓弧形。头顶往后、背部前段有一轻微隆起。鼻孔距眼较距吻端为近。眼较大，侧上位。背鳍基部长，鳍缘平直，最后1根硬棘粗大，后缘有锯齿。背鳍起点与腹鳍起点相对。胸鳍不达腹鳍。腹鳍不达臀鳍。臀鳍基短，第3根硬棘粗大有锯齿。尾鳍叉形。体被大圆鳞，鳞片后缘颜色较深，使鱼体呈灰黑色。侧线完全，略弯。背鳍鳍式为D. Ⅳ-17～20，臀鳍鳍式为A. Ⅲ-5，侧线鳞30～33。

2. 优良性状

与其他养殖鲫品种相比，异育银鲫“中科5号”具有生长速度快和抗病能力强的优点。在相同的养殖条件下，与异育银鲫“中科3号”相比，在投喂低蛋白（27%）、低鱼粉（5%）饲料时生长速度平均提高18.20%，抗鲫疱疹病毒能力提高12.59%，抗体表黏孢子虫病能力提高20.98%。另外异育银鲫“中科5号”依然保持雌核生殖特性，利用兴国红鲤作为父本进行新品种扩繁，后代不分化，性状稳定。适宜在全国各地人工可控的淡水水体中养殖。

3. 中试情况

2014年以来，在江苏和湖北开展了异育银鲫“中科5号”中试，中试地点为江苏南京市江宁区荣新水产养殖家庭农场、南京市江宁区许仕斌水产养殖家庭农场和湖北黄石江北农场水产养殖场。中试养殖方式包括主养鲫搭配鲢和鳙、主养草鱼套养鲫以及主养黑尾近红鲌套养鲫等养殖模式，在主养或者套养养殖池塘中投放相同数量和大小规格的异育银鲫“中科5号”和“中科3号”苗种，通过中试检测异育银鲫“中科5号”的生长和抗孢子虫病能力。3年累计中试面积1 065亩[①]，具体试验情况总结如下：

2014年湖北黄石江北农场水产养殖场在共200亩精养池塘中主养异育银鲫“中科5号”与“中科3号”夏花苗种，年底养成大规格鱼种。5月20日，每亩投放大小规格为0.3克的两个品系夏花苗种各5 000尾，并套养适量的鲢、鳙调节水质。12月20日清塘统计，养成的异育银鲫“中科5号”鱼种比异育银鲫“中科3号”鱼种平均体重大17.3%，成活率高25%。江苏南京市江宁区荣新水产养殖家庭农场5月25日投放异育银鲫“中科5号”夏花苗种15万尾于80亩养殖池塘中，每亩投放1 500～2 000尾，搭配鲢和鳙125尾，以本地养殖的异育银鲫作生产对照。年底经清塘检测，异育银鲫“中科5号”亩产1 100千克，比本地养殖的异育银鲫生长平均快25%。江苏南京市江宁区许仕斌水产养殖家庭农场5月引进异育银鲫“中科5号”夏花苗种40万尾，每亩投放苗种5 000尾，养殖面积75亩。经过6个月养殖，异育银鲫“中科5号”亩产超过1 000千克，比本公司以前养殖的普通异育银鲫生长平均快20%以上。

2015年湖北黄石江北农场水产养殖场在200亩池塘中主养2014年培育的异育银鲫“中科5号”与“中科3号”冬片鱼种，年底养成大规格商品鱼。2015年1月，每个品系每亩投放50克左右的规格冬片苗种各1 000尾，并套

① 亩为非法定计量单位，15亩=1公顷。余同。

养适量的鲢、鳙调节水质。12月25日清塘统计，养成的异育银鲫“中科5号”平均体重550克，异育银鲫“中科3号”平均体重495克，前者比后者平均体重大11.1%，成活率高23%。江苏南京市江宁区荣新水产养殖家庭农场继续养殖异育银鲫“中科5号”夏花苗种，投放异育银鲫“中科5号”夏花苗种15万尾，养殖方式和养殖密度与2014年相同，仍然以本地养殖的异育银鲫作生产对照。年底经清塘称重统计，异育银鲫“中科5号”亩产1 200千克，比本地养殖的异育银鲫生长平均快28%，生长优势明显。江苏南京市江宁区许仕斌水产养殖家庭农场采用2014年相同养殖方式和养殖密度，年底清塘称重统计表明，异育银鲫“中科5号”亩产1 120千克，比本地养殖的异育银鲫生长平均快23%。

2016年湖北黄石江北农场水产养殖场在160亩主养草鱼精养池塘中套养异育银鲫“中科5号”与“中科3号”冬片鱼种。2015年1月10日，每个品种每亩投放50克大小的冬片苗种各150尾，并套养适量的鲢、鳙调节水质。12月28日清塘称重统计，异育银鲫“中科5号”比异育银鲫“中科3号”平均体重大12.3%，成活率高21%。江苏南京市江宁区荣新水产养殖家庭农场继续开展异育银鲫“中科5号”中试养殖，养殖异育银鲫“中科5号”夏花苗种15万尾，采取前两年相同的养殖模式，养殖结果统计，异育银鲫“中科5号”亩产1 050千克，比本地养殖的异育银鲫生长平均快23%。江苏南京市江宁区许仕斌水产养殖家庭农场采取前两年相同的养殖模式，养殖结果统计，异育银鲫“中科5号”亩产1 030千克，比本地养殖的异育银鲫生长平均快21%。

从连续3年的中试养殖情况来看，异育银鲫“中科5号”表现出较明显的生长优势，而且无论是与本地银鲫种相比，还是与异育银鲫“中科3号”相比，其成活率均明显高，表现出明显的抗孢子虫病能力。异育银鲫“中科5号”因生长快、成活率高，增产效果明显，另外还具有易垂钓的特点，深受广大养殖户和消费者的欢迎，是非常适宜全国范围内推广养殖的鲫新品种。

二、人工繁殖技术

（一）亲本选择与培育

1. 亲本来源

母本来源于经连续多代选育、保存于选育单位保种基地的异育银鲫“中科5号”群体，需符合异育银鲫“中科5号”种质标准，要求体色光亮，鳞片完整，无病，无畸形。繁殖季节成熟异育银鲫“中科5号”亲鱼的腹部膨大，松软，卵巢轮廓清晰，手摸有弹性，生殖孔微红；也可以用挖卵器从亲鱼泄殖孔内取出少许卵样，将卵样放入培养皿中，加入卵球透明液，3～5 分钟后观察，成熟卵子大小整齐、颗粒饱满，全部或大部分卵子卵核偏位。父本兴国红鲤 2 冬龄以上，成熟的雄兴国红鲤亲鱼，鳞片粗糙，轻压雄亲鱼后腹部，泄殖孔有乳白色精液流出，遇水后迅速散开。

2. 亲本培育方法

(1) 亲本培育池　亲鱼培育池一般要求进、排水系统独立且完善，池塘四周开阔，向阳通风，环境安静，水深 1.5～2 米，并且最好能够靠近产卵池和繁育车间，以便亲鱼搬运和其他繁殖操作。亲本池的大小面积以 1～3 亩为宜，一般根据繁育设施的规模而定。一般情况下，一个亲本养殖池中的亲本一次全部进行催产繁殖。投放鱼种前需采用生石灰或漂白粉进行清塘消毒。

(2) 放养　母本异育银鲫“中科 5 号”与父本兴国红鲤需分塘培养。一般要求养殖密度较小，母本每亩放养总量在 400～500 尾，且不能与其他底层鱼类混养，以保证在强化培育过程中具有较好的养殖环境，从而培育获得优质的异育银鲫“中科 5 号”亲本。繁殖用兴国红鲤父本大小规格 0.5～1.5 千克，以每亩放养 500 尾左右为宜。同时为了调节亲本养殖池水质条件，适当搭配放养少量鲢、鳙。

(3) 饲料投喂　异育银鲫“中科 5 号”亲本培育一般使用 24%～28%的鲫人工颗粒饲料，不同大小规格的异育银鲫“中科 5 号”对鲫专用饲料有不同的需求，同时，不同季节的饲料投喂也有不同的要求。在亲鱼培育中，秋季是亲鱼肥育和性腺开始发育的季节，是亲鱼培育的关键时期，直接影响异育银鲫“中科 5 号”亲鱼的怀卵量，同时也对亲鱼的越冬和第二年春季的性腺发育具有十分重要的作用，一般可按培育池放养银鲫体重总量的 3%投喂饲料。初冬时期经严格筛选的后备亲本按照合适的养殖密度放养到亲本养殖池，此时亲鱼仍然能少量摄食，在体内累积脂肪。随着水温逐渐下降，亲鱼摄食量也显著降低，日投喂量也适当相应减少。异育银鲫“中科 5 号”在 3 ℃以上就能进食，因此需要根据水温变化，日投喂量控制在 1%以下。开春之后是亲鱼人工繁殖的强化培育，促进性腺发育的最关键时期，在这阶段，亲鱼的摄食量将随着水温上升而日趋增多，可按培育池放养银鲫体重总量的 3%～5%投喂饲料，促进性腺更好发育，使亲鱼体内营养成分大量转移到卵巢和精巢发育上。

(4) 日常管理　每天早晚巡塘，观察水质变化和亲本活动情况，发现问题及时解决。为了保证异育银鲫“中科 5 号”亲本的正常生长发育，水质条件十分重要。养殖池塘的水透明度保持在 40～60 厘米，溶解氧 4 毫克/升以上，其他理化指标也必须满足基本要求。春季随着温度的升高，定期适当加注新水，并结合增氧和施用微生态制剂改善水质，这对于性腺的发育具有很好的促进作用。3 月中下旬以后停止加注新水，以防亲本流产。

（二）人工繁殖

1. 催产时间

长江流域异育银鲫“中科5号”繁殖季节一般在4月中旬至5月上旬，比异育银鲫“中科3号”晚10天左右，水温在18℃以上即可催产，最适繁殖水温在20～24℃。

2. 催产剂量和注射方法

人工催产一般通过人工注射鲤丙酮干燥的脑垂体（PG）、人绒毛膜促性腺激素（HCG）和促排卵素（LRH）和地欧酮（DOM）的混合液。母本的有效剂量为：1毫克/千克的PG，500～700国际单位/千克的HCG，3～5微克/千克的LRH和3～5微克/千克的DOM。父本剂量一般为母本剂量的1/2。在繁殖后期，异育银鲫“中科5号”成熟度更好，可以适当减少注射剂量。催产药物用0.75%生理盐水配置，一般按每0.5千克异育银鲫“中科5号”注射1毫升工作液配置。

异育银鲫“中科5号”可以采用一次或两次注射的方法。但为了减少对亲本的伤害，一般采用一次注射，将注射器针头指向头的方向，注射器与鱼体成30°左右，在胸鳍基部无鳞的凹陷部位进针，采用体腔注射方法，入针深度要根据异育银鲫“中科5号”亲本的大小而定，一般为0.2～0.3厘米。同时还需要注意的是，完成注射过程要迅速，尽量缩短亲本的离水时间，减小对亲本的伤害。

3. 孵化技术

（1）人工授精　亲鱼经催情后分开暂养，在效应时间前1～2小时，要注意观察亲鱼动态，轻压雌鱼腹部有卵粒流出时，应立即采卵授精。将成熟排卵的异育银鲫“中科5号”和成熟的兴国红鲤雄鱼捕起，将雌鱼卵子挤入擦干的器皿中，同时挤入雄鱼的精液，用干羽毛轻轻均匀搅拌1～2分钟，加入少量生理盐水后再轻轻搅拌，然后倒入泥浆水或者滑石粉脱黏，搅动3分钟后，用筛绢滤出卵子，在水中漂洗2～3次后，放入孵化设施中流水孵化。受精卵搬运时避免阳光直射。

（2）孵化管理　在孵化过程中需要调节水流速度。孵化初期，为防止受精卵沉底结块，孵化缸水流速度和充气量可适当加大。到孵化后期开始出膜，为减少对鱼苗伤害，适当减小流速和曝气量。当鱼苗出膜后，由于鱼的鳔和胸鳍未形成，不能自己游泳，此时要适当增大水的流速，以免鱼苗沉入水底而窒息死亡。鱼苗胸鳍出现，能活泼游动时，喜欢顶水游泳，此时应减小水的流速。鱼苗腰点（鳔）出现，能平游时方可出池。孵化过程中需要经常洗刷过滤设备，尤其出膜时应更勤，防止因过滤膜堵塞而造成溢苗。

受精卵一般经过 4～6 天孵化，鱼苗腰点（鳔）出现，卵黄囊基本消失，体色正常，且能平游。此时水花苗种可出池，出售或下池开始培育夏花。

（三）苗种培育

1. 鱼苗培育

（1）培育池及准备　选择 3 亩左右的长方形鱼苗池，且塘形整齐，深度以 1.5 米左右为宜。鱼苗池应有充足水源，且注、排水方便，池底平坦、淤泥适中，阳光照射充足。用生石灰或漂白粉清塘后，在鱼苗下塘前 5～7 天注水，注水深度以 50～60 厘米为宜。注水后，立即在池塘每亩施基肥 200～300 千克，以培育鱼苗适口的饵料生物。在鱼苗放养前一天清除短期内繁殖的大型枝角类、有害水生昆虫、蛙卵和蝌蚪等。

（2）鱼苗放养　异育银鲫“中科 5 号”鱼苗的放养密度一般为每亩放水花 20 万尾左右，如池塘条件好，水源、饲料充足，有较好的饲养技术，每亩可放养 25 万～30 万尾。一般鱼苗下塘时水温差不超过 3 ℃。一旦出现较大温差，需搅动上下水层减小温差。缓缓放入鱼苗，或是将装苗的氧气袋放入池水平衡水温后再放入鱼苗。放苗时天气应正常。闷热天、长期阴雨天或雷暴雨前不适于放苗。放苗一般选择在 9:00—10:00 进行。下午水温较高，易形成温差，鱼苗下池危害大。放苗时一般选择在上风位入池，以便鱼苗随风游动移开。

（3）饲养管理　异育银鲫“中科 5 号”苗种培育一般采用投喂豆浆为主的培育方法，鱼苗放养后，每天每亩用 2～3 千克黄豆，分 2～3 次磨成豆浆 5 千克，滤去豆渣后全池泼洒，每天 2～3 次。豆浆现磨现用。一周后黄豆用量增加到每天每亩用 3～4 千克。每天分上午、下午两次磨浆泼洒。每育成 1 万尾规格 3 厘米以上的夏花鱼种，需黄豆 7～8 千克和豆饼 2～3 千克或粪肥 30～40 千克。泼喂豆浆时应全池遍洒，使其分布均匀；鲫鱼苗在沿池边活动较多，近池边浅水区适当多泼。后期随鱼体长大，可在池边多泼洒一次或增加投喂量。坚持每天早、中、晚巡塘，观察池塘水色和鱼苗活动情况，以决定投喂量，发现问题及时解决。

（4）分塘和出售　鱼苗经 15～20 天培育至全长 2.5～3 厘米时应及时拉网锻炼并准备出池。

2. 鱼种培育

（1）培育池及准备　鱼种池面积一般 2～5 亩，水深 1.5～2.0 米。池底平坦、淤泥厚度小于 20 厘米。池塘土质最好为壤土，既保水，又保肥。在池塘边设有进、排水口。进水口最好是开放式的，排水口设在进水口对面，设在鱼池最低处，还兼有排污的功能。苗种培育池还应配备增氧设施，一般情况下每

4～5亩水面配一台1.5千瓦的增氧机即可。鱼种塘需进行清塘，一般以生石灰清塘效果为好。清塘1周左右即可注水，注水时应用50～60目筛绢包扎入水口，严防野杂鱼、虾苗等进入池塘。每亩施基肥500～700千克以培育大量的大型浮游生物。

（2）放养　异育银鲫“中科5号”鱼种培育有单养和混养两种方式，一般采用单养。混养比例根据池塘情况、水源、水质、饲料、市场等来定主养对象，混养品种一般为鲢、鳙和团头鲂等。鱼种放养密度需根据养殖目标、池塘条件、饲料情况、技术与管理水平等多方面来定。如果需获得尾重25～50克的异育银鲫“中科5号”鱼种，每亩水面放养夏花鱼种5 000～10 000尾。投放的夏花鱼种要求游动活泼，规格整齐，无畸形，入塘前需用高锰酸钾溶液浸洗。

（3）饲养管理　养殖异育银鲫“中科5号”鱼种的饲料一般为24%～28%蛋白含量的鲫专用饲料。投喂一般采用“四定”投喂方法，即定时：饲料在每日8:00—10:00、14:00—16:00两次投喂，上午投喂量为总投饲量的30%～40%，下午投喂60%～70%；定位：投饵机在固定区域投喂；定质：饲料应鲜嫩适口，不得霉烂变质；定量：投饲应做到适量均匀，以每次投喂后1～2小时吃完为宜。阴雨天、鱼病流行期投饲量应酌情减少。每天巡池不少于2次。清晨观察水色和鱼的动态，发现严重浮头或鱼病应及时处理。上午投饲与施肥时应注意水质与天气变化；下午清洗饲料台检查鱼吃食情况，并做好饲养管理日志。

每隔15天左右加新水一次，每次池水加深10～15厘米（其中包括部分换水）。使水位保持1.5米左右，注水口需要用密网封口，严防野杂鱼和其他敌害生物混入。

（4）出塘分养　经过5～6个月养殖，养成50克左右的冬片鱼种，此时应及时进行分塘，放养在成鱼养殖池或拉网锻炼后出售。

三、健康养殖技术

（一）健康养殖（生态养殖）模式和配套技术

异育银鲫“中科5号”主要采取主养和混养的养殖模式，不同地区根据不同的养殖条件、市场需求等具体情况选择合适的养殖模式。

1. 异育银鲫“中科5号”池塘主养模式

放养的鱼种规格和密度按照池塘条件和预期商品鱼规格等条件而定。一般情况下，每亩投放50克左右的鱼种2 000尾左右，再搭配10%～30%的鲢、鳙等滤食性鱼种，还可以搭养5%的团头鲂。

2. 黑尾近红鲌混养异育银鲫“中科5号”养殖模式

每亩放养黑尾近红鲌鱼种1 500尾左右，异育银鲫“中科5号”夏花1 000尾左右，搭配10%左右的鲢、鳙。异育银鲫“中科5号”平均规格400～500克。

3. 主养草鱼套养异育银鲫“中科5号”养殖模式

每年5月每亩养殖池塘中放养规格为2～3厘米的草鱼1.5万～2万尾、规格为3～4厘米/尾的异育银鲫“中科5号”200尾，养殖到年底，草鱼规格可以达到8～15厘米，异育银鲫“中科5号”可以达到400～500克。

4. 主养黄颡鱼套养异育银鲫“中科5号”养殖模式

每亩放养黄颡鱼夏花5 000尾，套养异育银鲫“中科5号”夏花300尾，并配养鳙30尾，异育银鲫“中科5号”当年规格可以达500克。

（二）主要病害防治方法

异育银鲫“中科5号”具有较强的抗病能力，对目前鲫养殖中危害最大的孢子虫病和出血病有一定的抗性，鱼病防治要坚持“以防为主，防治结合”的原则。

病害预防的方法有：鱼苗下塘前做好鱼塘和鱼苗的消毒工作，放苗前一周，每亩用生石灰全池泼洒消毒，鱼苗用3%～5%盐水浸洗5分钟，或者用20 mg/L高锰酸钾溶液浸浴20分钟；经常保持池塘卫生，随时清除池边杂草和残渣余饵；在鱼病易发的高温季节，一般每20天左右进行一次严格的消毒工作，如向全池泼洒一次生石灰水，使池水终浓度为30 mg/L，或者用90%晶体敌百虫0.5 mg/L泼洒；当有鱼病发生时，在发病早期应及时诊断病情，针对性开展治疗，如病害情况严重，则必须立刻清除病鱼，避免疾病的传播扩大。

在异育银鲫“中科5号”养殖过程中可能出现水霉病、锚头蚤病和鱼虱病等病害，主要治疗方法介绍如下：

1. 水霉病

该病的病原是水霉、绵霉等，主要发生在受精卵孵化阶段和鱼苗阶段，流行季节3—5月。水霉菌丝着生在卵膜上，菌丝从卵膜内吸收营养，呈放射状排列。发生在养殖阶段的水霉病，主要是在捕捞或运输后，因鱼体受伤而引起的，水霉菌经伤口入侵，使被寄生部位组织坏死。防治方法：在拉网捕捞以及搬运时操作要细致小心，防止鱼体受伤。鱼体受伤时可用0.04%食盐和0.04%小苏打合剂全塘泼洒。对于受伤的产卵亲鱼可采用聚维酮碘等浸泡，可防细菌感染。

2. 锚头蚤病

该病的病原是锚头蚤，感染此病的银鲫亲鱼消瘦，体表发黑，性腺萎缩，严重影响亲鱼的体质和繁殖。防治方法：生石灰清塘，水温 15～20 ℃时用高锰酸钾 20 mg/L 浸洗，水温 21～23 ℃则用 10 mg/L 浸洗 1.5～2 小时，90%晶体敌百虫全池泼洒使水成 0.3～0.5 mg/L 浓度，半月内连续 2 次用药。

3. 鱼虱病

病原是多种鱼虱，寄生在鳃及体表，肉眼可见。虫体似钉耙般吸附在鱼体上，或者在寄生处到处爬行并以其腹面的倒刺、口刺、大颚来刺伤、撕破鱼体所寄生部位，致使病鱼呈现极度不安、狂游等症状。防治方法：用生石灰清塘，杀死鱼虱的成虫、幼虫和卵块。用 90%晶体敌百虫 0.3～0.5 mg/L 全塘遍洒。

四、育种和种苗供应单位

（一）育种单位

1. 中国科学院水生生物研究所

地址和邮编：湖北省武汉市东湖南路 7 号，430072

联系人：王忠卫

电话：13627104519

2. 黄石市富尔水产苗种有限责任公司

地址和邮编：湖北省黄石市黄石港区兴港大道 41 号，266061

联系人：李建兵

电话：13707235385

（二）种苗供应单位

1. 黄石市富尔水产苗种有限责任公司

地址和邮编：湖北省黄石市黄石港区兴港大道 41 号，266061

联系人：李建兵

电话：13707235385

2. 佛山市南海百容水产良种有限公司

地址和邮编：佛山市南海区丹灶镇下安村，528216

联系人：李翘宇

电话：13925416198

3. 江苏洪泽水产良种场

地址和邮编：江苏省淮安市洪泽区二河闸西，223100

联系人：潘家迅

电话：15715231701

4. 安徽小老海实业有限公司

地址和邮编：安徽省芜湖市鸠江区沈巷镇裕溪社区，241000

联系人：沈保平

电话：18056533333

5. 重庆市水产科学研究所

地址和邮编：重庆市长寿区长寿湖镇红光村，401220

联系人：但言

电话：13996256397

6. 湖北省水产良种试验站

地址和邮编：孝感市孝南区三汊镇一心一村，432015

联系人：刘胜林

电话：13397277969

（三）编写人员名单

桂建芳，周莉，王忠卫，李熙银，李志，李建兵，张奇亚，汪洋，张晓娟，高峰。

滇池金线鲃"鲃优1号"

一、品种概况

（一）培育背景

滇池金线鲃 *Sinocyclocheilus grahami*（Regan，1904），又名菠萝鱼、小洞鱼，属鲤形目（Cypriniformes）、鲤科（Cyprinidae）、鲃亚科（Barbinae）、金线鲃属（*Sinocyclocheilus*），营半洞穴生活，是滇池流域的特有种，分布于滇池及其流域的河流、溶洞、暗河之中。滇池金线鲃，因其肉质鲜美而被列为"云南四大名鱼"之首。几百年前，徐霞客来到昆明，游历滇池时，在《徐霞客游记·游太华山记》中这样记述滇池金线鲃："鱼大不逾四寸，中腴脂，首尾一缕如线，为滇池珍味。"由于滇池金线鲃的稀有和美味，清代文人师范也曾有一首描写滇池金线鲃的诗："欲泛昆明海，先问金线洞。洞水深且甘，嘉鱼果谁纵。"滇池金线鲃曾是滇池流域的经济鱼类，是滇池沿岸渔民的主要渔获对象，但20世纪60年代以后，酷渔滥捕、围湖造田、水质污染和盲目引种使得滇池金线鲃生存面临威胁，其种群数量急剧下降，1986年已在滇池湖体消失，仅在湖州少数支流的溪流和泉池中保存有少量个体。因此，1989年，滇池金线鲃被列为国家Ⅱ级保护动物，在《中国濒危动物红皮书（鱼类）》中被列为濒危等级，2008年被世界自然保护联盟（IUCN）评为极度濒危物种。

为了保护这一珍稀濒危物种，2000年起，中国科学院昆明动物研究所开始对滇池流域滇池金线鲃的数量、分布、栖息地、摄食生态及繁殖生态等进行广泛调查与研究，并从野外引种亲鱼，在中国科学院昆明动物研究所珍稀鱼类保育研究基地开展保护、繁殖、种群恢复和可持续利用等研究工作。2007年首次突破滇池金线鲃人工繁殖，这也是继中华鲟、胭脂鱼之后，成功实现人工繁殖的第三种国家级保护鱼类。经过十余年不懈努力，现已具备年产千万尾滇池金线鲃鱼苗的能力，并最终实现了滇池金线鲃的人工增殖放流。2009年至今，已累计向滇池流域投放滇池金线鲃鱼苗800余万尾。

滇池金线鲃个体小、生长慢，2 龄性成熟，体重为 25 克，其肉质虽好，但肌间细刺多、分叉，且易感染小瓜虫病、死亡率高。基于此，项目组开展生长快速、肌间刺弱化、抗病力强的滇池金线鲃新品种的选育，可提高滇池金线鲃产品的价值，同时，也为云南高原特色渔业和冷水性渔业的发展打开新的局面。

（二）育种过程

1. 亲本来源

滇池金线鲃“鲃优 1 号”的亲本是来自滇池入湖河流盘龙江上游牧羊河的野生滇池金线鲃（图 1）。

图 1　滇池金线鲃“鲃优 1 号”成鱼

2. 选育过程

2004—2007 年，基于前期对滇池金线鲃种群分布调查，从滇池入湖河流盘龙江上游牧羊河收集野生滇池金线鲃 5 000 尾，作为繁育的基础群体。

F1 代选育：2007 年 3 月，从基础群体中，选择性状良好（健康、无疾病、无损伤、年龄 4～8 龄）的雌、雄个体作为繁殖亲鱼，进行多对多的人工授精，接下来进行鱼卵孵化和苗种培育，获得 F1 代，然后进行 F1 代的选育，筛选出生长性状较好（分别在 1 月龄、13 月龄和 24 月龄）、简单 I 形肌间刺占比较高（24 月龄时）、抗病力较强（1～6 月龄时）的个体，获得 F1 代选育群体，2 龄成鱼平均体重 28 克。

F2 代选育：2009 年 3 月，F1 代选育群体性成熟，从中选择性状良好（健康、无疾病、无损伤）的雌、雄个体作为繁殖亲鱼，进行多对多的人工授精，然后进行鱼卵孵化和苗种培育，获得 F2 代，然后，进行 F2 代的选育，筛选出生长性状较好（分别在 1 月龄、13 月龄和 24 月龄）、简单 I 形肌间刺占比较高（24 月龄时）、抗病力较强（1～6 月龄时）的个体，获得 F2 代选育群体，2 龄成鱼平均体重 32 克。

F3 代选育：2011 年 3 月，F2 代选育群体性成熟，从中选择性状良好（健康、无疾病、无损伤）的雌、雄个体作为繁殖亲鱼，进行多对多的人工授精，然后进行鱼卵孵化和苗种培育，获得F3代，然后，进行F3代的选育，筛选出生长性状较好（分别在1月龄、13月龄和24月龄）、简单I形肌间刺占比较高（24月龄时）、抗病力较强（1～6月龄时）的个体，获得F3代选育群体，2龄成鱼平均体重36克。

F4代选育：2013年3月，F3代选育群体性成熟，从中选择性状良好（健康、无疾病、无损伤）的雌、雄个体作为繁殖亲鱼，进行多对多的人工授精，然后进行鱼卵孵化和苗种培育，获得F4代，然后，进行F4代的选育，筛选出生长性状较好（分别在1月龄、13月龄和24月龄）、简单I形肌间刺占比较高（24月龄时）、抗病力较强（1～6月龄时）的个体，获得F4代选育群体，2龄成鱼平均体重40克，此时新品种育成，命名为“鲃优1号”。

从2007年开始，以5 000尾牧羊河野生滇池金线鲃为基础群体，以生长为主要选择指标，采用群体选育技术，经连续4代高强度选育，2013年育成遗传性状稳定、生长快、肌间刺弱化和抗小瓜虫病强的优良品种——滇池金线鲃“鲃优1号”（图1、图2）。

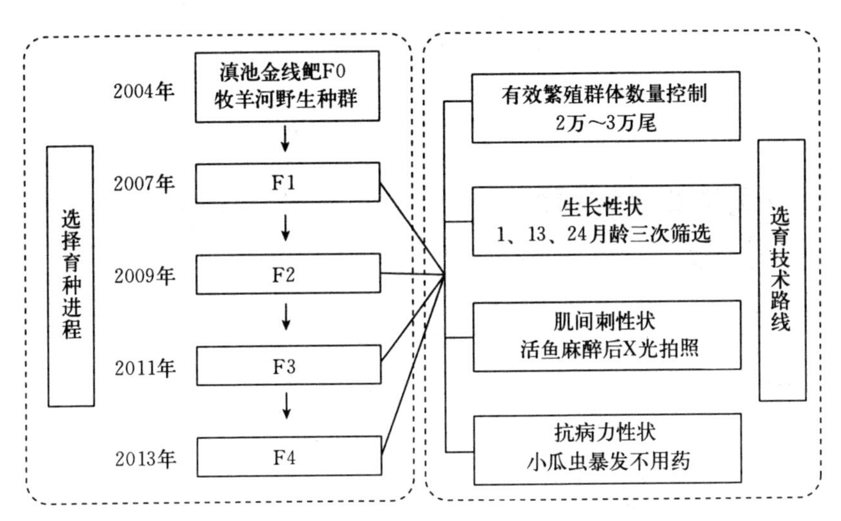

图2 滇池金线鲃“鲃优1号”选育技术路线

（三）品种特性和中试情况

1. 滇池金线鲃“鲃优1号”主要优良性状

（1）生长快　滇池金线鲃“鲃优1号”较未选育滇池金线鲃生长速度平均快37.0%。

（2）肌间刺弱化　滇池金线鲃“鲃优1号”I形肌间刺所占比例比未选育

滇池金线鲃增长了 78.5%，即肌间刺弱化了 78.5%。

（3）抗病力强 相比于未选育滇池金线鲃，滇池金线鲃“鲃优 1 号”小瓜虫感染死亡率降低了 52.9%。

2. 中试情况

2015—2016 年分别在云南省曲靖市会泽县、文山壮族苗族自治州西畴县、保山等地区开展滇池金线鲃“鲃优 1 号”的中试养殖，采取池塘养殖方式，养殖密度为 260～300 尾/米^2，共养殖 1 900 余万尾，养殖面积 263 亩，养殖周期 2 年。

其中，会泽滇泽水产养殖有限公司养殖 1 300 万尾，比未选育滇池金线鲃体长平均提高 21.5%，体重平均提高 37.2%，I 形肌间刺所占比例平均提高 78.9%，新增产量 41.2 吨，产值 1 236 万元；西畴龙源生物科技有限公司养殖 300 万尾，相比与未选育滇池金线鲃，滇池金线鲃“鲃优 1 号”体长平均提高 19.5%，体重平均提高 37.1%，新增产量 21.45 吨，产值 643.5 万元；西畴龙腾生物科技有限责任公司养殖 260 万尾，新增产量 17 600 千克，产值 528 万元；保山养殖 55 万尾，新增产量 11.8 吨，产值 354 万元。

总体而言，滇池金线鲃“鲃优 1 号”较普通滇池金线鲃苗种生长速度快，肌间刺弱化，且疾病暴发率低，个体一致性高，表现出较好的稳定性。

二、人工繁殖技术

（一）亲本选择与培育

1. 亲本选择

为保证亲本质量，用来繁殖的亲鱼必须达到性成熟，健壮无病，无畸形、缺陷，鱼体光滑、体色正常，鳞片、鳍条无损，生长良好。避免将初次性成熟的个体作为亲鱼，也不宜采用进入衰老期的个体作为亲鱼。2 龄雌亲鱼 36 克/尾以上，雄亲鱼 30 克/尾以上；3 龄雌亲鱼 45 克/尾以上，雄亲鱼 40 克/尾以上。亲鱼允许使用到 15 龄。

滇池金线鲃性成熟后，肉眼可区分雌雄。雌鱼腹部有三个开孔，即肛门、生殖孔和泄尿孔，泄尿孔在生殖突起的顶端，生殖孔开在泄尿孔和肛门之间。雄鱼腹部只有两个开孔，即肛门和泄尿生殖孔，它的泄尿孔和生殖孔合为一个开口，统称为泄尿生殖孔。

2. 亲鱼培育

冬春季要做好亲鱼的培育，促进亲鱼性腺的快速发育，以获得高质量的精卵，亲鱼培育的效果主要与饲料、水质等日常管理直接相关。

当水温达到 16 ℃以上时，将分塘饲养的雌雄亲鱼合塘，雌雄亲鱼的配比一般按2∶1或3∶1，投放时应一次性放足，池塘培育时，亲鱼放养密度为20～80尾/米^3，玻璃缸培育时，亲鱼放养密度为20～50尾/米^3。饲料以配合饲料为主，要求粗蛋白含量达到40%以上，投喂量为鱼体重的1%～3%，每天投喂2次，10:00和17:00各一次。

水温控制在16～22℃，并且保持水温稳定。因为滇池金线鲃生活时对水质要求较高，所以每天注入新水，保持水质清新，促进亲鱼性腺发育成熟。冬季平时每15天换水一次，每次换水量为1/3，并使用一次沸石粉、微生态制剂、石灰、底质改良剂等改善底质、水质。产卵前15天，每2～3天换水一次，通过流水刺激，促进亲鱼性腺发育成熟。

（二）人工繁殖

1. 催产

滇池金线鲃的产卵季节为春季，一般3—4月大部分雌雄亲鱼已性成熟，催产水温16～22℃，最适水温20℃。当亲鱼性腺处于Ⅳ期末期时，雌鱼腹部膨大圆滚，肛门红润松弛，雄鱼普遍能挤出精液，即对性成熟亲鱼肌肉注射马来酸地欧酮（DOM）（按每千克体重1毫克）和促黄体释放激素（LHRH-A_2）（按每千克体重1微克），雄鱼剂量减半。

2. 人工授精

催产完后，注意观察亲鱼动态，一般效应时间为24小时，效应时间前2～3小时，每小时检查一次雌亲鱼，可轻压雌鱼腹部，若有卵粒流出，可立即人工授精，采用干法授精。用干纱布将雌雄亲鱼体表水分擦干，分别将性成熟的雌、雄亲鱼的卵子和精子从其腹部轻轻挤压于干燥器皿中，用鸡毛轻轻搅拌30秒后加入少许清水（以盖过精、卵为宜），再搅拌20秒，让精卵充分接触，用清水清洗3次，然后将清洗干净的受精卵均匀泼洒黏附在预先经过清洗消毒处理好的棕片上，待孵化。

3. 鱼卵孵化

鱼卵孵化采用微充气或静水孵化法，先将黏附着受精卵的棕片取出放入5 mg/L浓度的霉菌净水溶液中浸泡15分钟，消毒后取出放入20～50米^{2}的孵化池中孵化，水温18～20℃，pH 7.5～8.0，前4天每天对鱼卵用相同方法消毒一次，孵化池中用氧气泵增氧，经150小时完成孵化。孵化期间，鱼卵需遮阳处理。

4. 苗种筛选

根据滇池金线鲃仔稚鱼食性转化的规律，适时采用浆状物—轮虫—人工混合饲料的投喂方式。仔鱼出膜后几天内在育苗池的池壁四周水面，尤其是鱼池的四个角落集聚分布；随着卵黄囊的消耗，仔鱼开始有摄食活动，活动范围扩大到鱼池的四壁和池底；觅食能力进一步提高后，仔鱼主动集聚在浮游动物密集的区域，摄食大小合适的活饵。在仔鱼进入稚鱼发育前，仔鱼开始摄食人工混合饵料，而且摄食强度逐渐增强。捞苗方法：日出及日落前人站在池中，用绢网制成的抄网将聚集的鱼苗整群捞出，随见随捞，集中一批，培育一批，同步同期培育。

（三）苗种培育

1. 养殖密度

仔鱼期放养密度为 8 000～24 000 尾/米^3，稚鱼期放养密度为 3 000～6 000 尾/米^3，幼鱼期放养密度为 1 000～200 尾/米^3。

2. 饵料

刚放入池塘的鱼苗，可投喂轮虫、蛋黄、豆浆及适口的配合饲料等。一般 3～20 日龄鱼苗投喂轮虫，全池泼洒，使水中轮虫密度为 3～20 个/毫升，轮虫投喂前需经小球藻强化培养 6 小时以上。20～45 日龄投喂蛋黄、豆浆，20～30 日龄，投喂量为 50～80 克/万尾；30～45 日龄，100～120 克/万尾。35 日龄以上可在蛋黄、豆浆中拌入适量粉状配合饲料。

3. 投饵量

养殖过程中，应根据鱼的体重、数量等来确定投喂量。一般日投喂量按鱼的体重和水温来确定。当水温 10～14 ℃时，投喂量为鱼体重的 1%为宜；水温为 14～18 ℃时，投喂量为鱼体重的 1.5%～2.0%；当水温为 18～20 ℃时，投喂量为鱼体重的 2.0%～3.0%；22 ℃以上时，投喂量为鱼体重的 1.0%。

4. 日常管理

鱼苗养殖中的日常管理工作以水质管理为中心，大致包括以下几方面：

（1）巡塘　每天早上巡塘一次，观察水色和鱼的动态，注意水质变化，了解投喂效果。下午可结合投喂或检查吃食情况巡视鱼塘。夜间容易观察滇池金线鲃的活动情况，巡塘 2 次，发现问题及时处理。

（2）清洗食场　经常清洗食场，坚持每月每立方米水体用 0.45 毫升聚维酮碘消毒一次。

（3）水质管理　每天注入新水，以更新水质，保持水质清新，有利于鱼苗生长，同时促进浮游生物繁殖、减少鱼病发生。

（4）控温　一般要求水温在 16～22 ℃，保持水温稳定。冬季控制在 16～18 ℃，夏季控制在 20～22 ℃。每天的 8:00、16:00 测量水体温度。

（5）工具消毒　所有的入水和接触鱼体的工具在使用前后均要消毒，做到专池专用，消毒药物可以选用高锰酸钾或强氯精。

三、健康养殖技术

（一）健康养殖（生态养殖）模式和配套技术

滇池金线鲃“鲃优 1 号”适宜在水温 25 ℃以下的水体中养殖，养殖方式以池塘养殖为主。

（1）池塘条件　池塘底质一般为砾石或水泥，水温 10～25 ℃，溶解氧不低于 5 毫克/升，微流水、遮阳。面积 20～200 米^2，水深 1.0～1.2 米，有独立进、排水口，池底向排水孔以一定的坡度倾斜，以利于排水，应具备供电、供水、供氧、增温系统等。

（2）鱼种放养　根据苗种大小，调整放养密度，仔鱼期放养密度为 8 000～24 000 尾/米^3，稚鱼期放养密度为 3 000～6 000 尾/米^3，幼鱼期放养密度为 1 000～2 000 尾/米^3，成鱼密度为 200～1 000 尾/米^3。

（3）饵料　养殖滇池金线鲃“鲃优 1 号”跟养殖普通的滇池金线鲃一样，鱼苗的饵料为轮虫、蛋黄、豆浆等，成鱼的饵料为配合饲料，一般为沉性颗粒饲料，粗蛋白含量不低于 30%。

（4）饵料投喂　应根据鱼的体重、数量等来确定投喂量。一般日投喂量按鱼的体重和水温来确定。当水温为 14～18 ℃时，投喂量为鱼体重的 1.5%～2.0%；当水温为 18～20 ℃时，投喂量为鱼体重的 2.0%～3.0%；22 ℃以上时，投喂量为鱼体重的 1.0%。

（5）日常管理　与鱼苗期间一样，日常管理以水质管理为主，可参照鱼苗阶段管理办法。

（二）主要病害防治方法

滇池金线鲃“鲃优 1 号”易感染烂鳃病等细菌性鱼病，小瓜虫、车轮虫等寄生虫病，以及水霉病等真菌病，尤其是鱼苗。在捕捞、放养操作要避免鱼体相互扎伤，加强水质调节，定期泼洒生石灰水。

1. 烂鳃病

（1）病原　鱼害黏球菌。

（2）症状　发病初期，鱼离群独游，后体色变黑，停止吃食。肉眼检查，可见鳃丝发白并黏附有污泥，严重时鳃盖腐蚀成一透明小区，俗称“开天窗”。

（3）防治方法　保持养殖水体清爽可在很大程度上防止该病发生。发病时，使用五倍子（先粉碎后用开水冲溶）泼洒，每立方米水体使用五倍子 2.0～4.0 克，同时使用每千克饵料拌氟哌酸 1.0～3.0 克投喂效果更佳。

2. 小瓜虫病

（1）病原　多子小瓜虫。

（2）症状　虫体主要寄生在鱼体的体表、鳍条和鳃上，形成白色小粒状胞囊。严重寄生时，鱼的表面覆盖一层白色的包膜，鳍条腐烂，鱼游动迟缓，漂浮于水面。个别虫体寄生在鱼的眼部，造成鱼失明。小瓜虫病可以引起饲养鱼类大量死亡，是土著鱼类驯养繁殖过程中的主要鱼病。

（3）防治方法　养殖水体太瘦常常引起该病，要加强水质管理、网具消毒和新进入基地鱼类的鱼病检疫工作。发病时使用每立方米水体 0.4 克辣椒粉和 0.15 克生姜，加水煮沸 30 分钟后，连汁带渣全池泼洒，有一定效果。每立方米水体用 0.1 克瓜虫灵（复合高聚碘六号），亦有一定的疗效，全池泼洒，每天 1 次，隔天使用，连续使用 3 次。

3. 车轮虫病

（1）病原　车轮虫。

（2）症状　病原寄生在鱼体的体表和鳃上，使病鱼出现“白头白嘴”或“跑马”的症状。病鱼鱼体发黑，离群独游，有的成群围绕池边狂游，可引起亲鱼大量死亡。

（3）防治方法　每立方米水体 0.5～1 克车轮净全池泼洒一次。全池泼洒虫必克（复方阿维菌素），浓度为 0.06 mg/L，对车轮虫有一定的控制作用。

4. 水霉病

（1）病原　多种水霉和绵霉。

（2）症状　肉眼可见病鱼身上或鳃上长着似毛一样的白色绵状物，病鱼食欲丧失，呼吸困难，游动缓慢。

（3）防治方法　全池泼洒万分之一的食盐和碳酸氢钠合剂（1∶1）；或全池泼洒霉菌净水溶液，浓度为 5 mg/L，隔两天再泼洒一次。

5. 出血病

（1）病原　嗜水气单胞菌。

（2）症状　发病初期，病鱼口腔、下颌、眼眶、鳍条基部等部位出现轻度充血；食欲下降；剖开腹腔，可见肠内有少量食物或无食物，随后出现明显出血；腹部出现腹水症状。

（3）防治方法　按每立方米水体 1～1.4 毫升全池泼洒次氯酸钠溶液一次；按每立方米水体 0.2 克全池泼洒戊二醛溶液也有一定效果，隔两天再泼洒一次。

6. 肠炎病

（1）病原　细菌性肠炎病。

（2）症状　病鱼离群独游，游动缓慢，体色黑，食欲差或不食。发病初期，肠壁局部发炎，肠腔无食物，肠内黏液多；后期肠壁充血发炎呈红色，肠内只有淡黄色黏液，肛门红肿，有红色黏液从肛门流出。幼鱼受害时死亡率高，此病常与烂鳃病并发。

（3）*防治方法*　每立方米水体4.5～8克土霉素全池泼洒一次，连续泼洒三天。每千克鱼食投放肠炎灵0.02～0.05克搅拌，每天喂食两次，直至症状消失。

四、育种和种苗供应单位

（一）育种单位

1. 中国科学院昆明动物研究所

2. 深圳华大海洋科技有限公司

3. 中国水产科学研究院淡水渔业研究中心

（二）种苗供应单位

中国科学院昆明动物研究所

地址和邮编：云南省昆明市五华区教场东路32号，650223

联系人：刘倩

电话：0871－65191652，13330493386

（三）编写人员名单

杨君兴，潘晓赋，王晓爱，杨坤凤，蒋万胜。

福瑞鲤2号

一、品种概况

（一）培育背景

鲤（*Cyprinus carpio* L.）是我国种类繁多、分布广且受人们欢迎的重要淡水经济鱼类，经人工和自然选择后呈现许多形态和遗传变异。国内重要的野生和养殖鲤群体有黄河鲤（*C. carpio haematopterus* Temminck et Schlegel）、黑龙江鲤（*C. carpio* Haematopterus）、荷包红鲤（*C. carpio* var. *wuyuanensis*）和兴国红鲤（*C. carpio* var. *xingguonensis*）等。我国鲤养殖业历史悠久，并具有重要的社会经济作用。然而，鲤的育种开始于20世纪70年代，主要通过杂交手段获得了一些新的养殖品种。建鲤（*C. carpio* var. *jian*）是20世纪90年代培育出的鲤新品种，它是第一个通过杂交、家系选育和雌核发育等方法人工培育出的鲤品种。建鲤的养殖产量比其他鲤品种提高30%左右。21世纪以来，鲤种质混杂和退化逐渐严重，为确保鲤产业可持续发展，极有必要继续开展优质高产、抗逆性强的鲤良种选育工作，选育具有多个优良生长性状且抗逆性强的鲤新品种，以满足鲤产业需求。由于建鲤生长优势显著，并且仍具有选育潜力，中国水产科学研究院淡水渔业研究中心从2004年开始了对建鲤进一步改良的遗传育种项目，为适应全国范围内的鲤养殖需求，引入具有优良肉质、体色和体型等性状的黄河鲤群体和具有抗寒、存活率高等性状的黑龙江野鲤，与建鲤进行3×3完全双列杂交，建立基础群体，然后运用混合模型估算育种值进行选育。经过连续5代选育，获得具有生长速度快、体型好、存活率高等稳定遗传性状的鲤新品种福瑞鲤2号。福瑞鲤2号采用的选育技术与福瑞鲤基本相同，不同之处在于福瑞鲤的原始亲本为建鲤和黄河鲤，而福瑞鲤2号的原始亲本除了建鲤和黄河鲤外，还引入了黑龙江野鲤，这使得福瑞鲤2号具有更好的抗寒力及越冬存活率，能够适应北方鲤主养区的气候，提高养殖经济效益。

（二）育种过程

1. 亲本来源

福瑞鲤2号的原始亲本包括建鲤、黄河鲤和黑龙江野鲤。其中，中国水产科学研究院建鲤由淡水渔业研究中心培育并一直保种；黄河鲤，1998 年从河南水产科学研究院引进，进行保种培育第二代；黑龙江野鲤，2003 年从中国水产科学研究院黑龙江水产研究所引进。

2. 选育技术路线

选育技术路线见图 1。

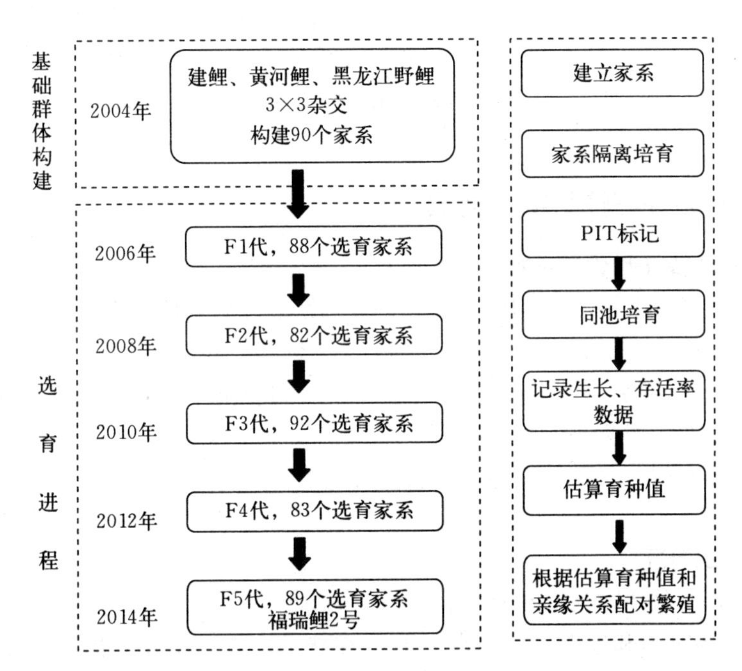

图 1　福瑞鲤 2 号选育技术路线

3. 选育过程

2004 年 4 月，建立选育基础群体。从选育的建鲤、黄河鲤和黑龙江野鲤群体中挑选生长性状优良的个体进行强化培育，然后从中挑选亲本进行 3×3 完全双列杂交，建立全同胞家系，包括 9 种杂交组合，每个组合建立 10 个家系。家系鱼苗经隔离培育至 10 克左右，每个家系随机各选 50 尾用 PIT 进行个体标记，并测量每尾鱼的体重、体长、体高和体厚等数据。将标记好的鱼放入一个 5 亩的土池中培育至 2005 年 12 月，收获后进行生长性状的测量和存活率的统计，运用 ASREML 软件将数据进行分析，得到每一尾存活的雌、雄鱼的估算育种值，将雌、雄鱼的估算育种值从大到小排序，按估算育种值的大小和鱼的家系背景设计下一代鱼的亲本配对方案，要求雌、雄鱼不是来自同一家系。

2006 年 4 月，按设计的亲鱼配对方案进行 F1 代亲本的配对，设计建立 100 个选育家系（育种值排名靠前）和 20 个对照家系（平均育种值），实际建立 88 个选育家系（育种值排名靠前）和 16 个对照家系（平均育种值），按上述方法进行标记、饲养、数据测量和分析，根据估算育种值的大小和鱼的家系背景设计下一代亲本选配方案，要求雌、雄鱼不是来自同一家系或亲缘关系较近的家系。

2008 年 4 月，生产 F2 代，实际建立 82 个选育家系和 14 个对照家系。2010 年 4 月，生产 F3 代，实际建立 92 个选育家系和 15 个对照家系。2012 年 4 月，生产 F4 代，实际建立 83 个选育家系和 17 个对照家系。2014 年 4 月，生产 F5 代，实际建立 89 个选育家系和 18 个对照家系。选育 F5 代即为福瑞鲤 2 号。

（三）品种特性和中试情况

1. 品种特征和优良性状

（1）*生长速度快*　在相同条件下，福瑞鲤 2 号的生长速度比同龄普通养殖鲤提高 22.87%，比福瑞鲤提高 10.53%。

（2）*存活率高*　在相同条件下，福瑞鲤 2 号存活率比同龄普通养殖鲤提高 6.48%，比福瑞鲤提高 6.18%。

（3）*体型好*　福瑞鲤 2 号的体长/体高为 3.63，为深受养殖户和消费者喜爱的长体型。

2. 中试情况

（1）*广西桂平市网箱中试*

① 试验时间和地点。2015 年 6 月，在桂平市江口镇开展福瑞鲤 2 号河道网箱养殖试验，从江口镇的浔江河段背风向阳处选择一段水流缓慢河汊设置试验网箱，该区域平均水深约 4 米，养殖期平均水温约 25 ℃，透明度约 1.3 米。设置试验网箱 2 只，规格为 6 米×12 米×2.5 米，箱体为双层设计，内层网片规格 1.5 厘米，外层网片规格 3 厘米，网箱上设置规格为 6 米×12 米×1 米的挡料网，规格 60 目。

② 试验鱼放养。放养鱼种规格平均为 16 克/尾，密度 200 尾/米^3，每只网箱放养 14 400 尾，1 只网箱放福瑞鲤 2 号，另外 1 只放已在当地推广数年的福瑞鲤。

③ 试验鱼养殖管理。投喂蛋白含量为 38%、粒径为 1 毫米的膨化配合饲料，采取少量多次的方式，每天 4 次，驯食期的投喂量为鱼体重的 2%～5%，随摄食情况逐步调整，正常摄食后的日投喂量为鱼体重的 5%～7%。每日坚持巡箱，观察水质、水温变化、水流量及鱼的活动情况。每隔半个月检查网箱是否破损。记录鱼发病和死亡等情况。

④ 结果与分析（表 1）。养殖 3 个半月后，生长对比结果显示福瑞鲤 2 号

生长速度比福瑞鲤快 24.77%（$P<0.01$）。

表 1 福瑞鲤 2 号和对照系在广西桂平市的网箱养殖对比试验

品系	放养时间	收获时间	收获体重（克）
福瑞鲤 2 号	2015 年 8 月 1 日	2015 年 11 月 15 日	759.28±127.56*
福瑞鲤	2015 年 8 月 1 日	2015 年 11 月 15 日	608.54±145.72

注：* 表示差异极显著（$P<0.01$）。

（2）云南元阳县梯田中试

① 试验时间和地点。元阳县是哈尼梯田的核心区，2015 年 6 月初，在元阳县沙拉托乡阿嘎村小组稻田（4 块稻田，2 块 1.1 亩，2 块 0.8 亩）开展中试。该稻田位于海拔高度 900 米，田块平整保水，进出水方便，水源充足无污染。

② 试验鱼放养。秧苗返青后，分别在试验田中投放规格整齐、体质健壮的福瑞鲤 2 号和对照系鱼种，福瑞鲤 2 号放一块 1.1 亩稻田和一块 0.8 亩稻田，对照系同样放一块 1.1 亩稻田和一块 0.8 亩稻田，放养密度均为 500 尾/亩，对照系为当地鲤。

③ 试验鱼养殖管理。以生态养殖方式开展，以施用肥料为主、饲料投喂为辅。根据水稻和鱼的需求，解决稻、鱼因施肥、打农药等的矛盾，适时调整水位。每天早、晚巡田，观察鱼的摄食情况。

④ 结果与分析（表 2）。养殖过程中，未发生病害死亡，2015 年 10 月 15 日对养殖试验鱼的生长情况进行测量。生长对比结果表明福瑞鲤 2 号生长速度比对照系快 26.26%（$P<0.01$）。

表 2 福瑞鲤 2 号和对照系在云南元阳县进行的梯田对比试验

品系	放养时间	收获时间	收获体重（克）
福瑞鲤 2 号	2015 年 6 月 1 日	2015 年 10 月 15 日	308.76±62.82*
福瑞鲤	2015 年 6 月 1 日	2015 年 10 月 15 日	244.61±78.04

注：* 表示差异极显著（$P<0.01$）。

（3）贵州凯里池塘中试

① 试验时间和地点。2016 年 7 月，在贵州省凯里市选取 4 口池塘，每口池塘面积为 2 亩，平均水深为 1.8 米。其中 2 口池塘放养福瑞鲤 2 号，另外 2 口放养对照系，对照系为当地普通鲤。

② 试验鱼放养。采用单养模式，大规格鱼种培育成商品鱼，鱼种平均规格 12 克/尾，每亩池塘放养 3 000 尾鱼。

③ 试验鱼养殖管理。投喂 32%蛋白含量的饲料，每日 3 次，投饲率

3.5%～4%。

每日巡塘 2 次，看水色，看鱼情。记录鱼发病和死亡等情况。

④ 结果与分析（表 3）。养殖过程中，未发生病害死亡，养殖 108 天后，生长对比结果表明福瑞鲤 2 号生长速度比对照系快 27.52%（$P<0.01$），存活率提高 7.41%。

表 3　在贵州省凯里市进行的生长对比试验

品系	放养时间	收获时间	收获体重（克）	存活率（%）
福瑞鲤 2 号	2016 年 7 月 10 日	2016 年 10 月 28 日	278.47±52.56*	94.2
对照系	2016 年 7 月 10 日	2016 年 10 月 28 日	218.37±69.68	87.7

注：* 表示差异极显著（$P<0.01$）。

连续 2 年在不同地区进行的中试结果表明，福瑞鲤 2 号经过 5 代的选育，生长速度比对照系有显著的提高（20%以上），福瑞鲤 2 号不仅在池塘养殖条件下具有生长优势，在网箱、稻田养殖的条件下同样具有生长优势。

2015 年起，陆续在河南、贵州、吉林、福建、宁夏、辽宁、新疆、江苏、云南、重庆、天津等地进行了生产性对比试验，福瑞鲤 2 号的生长性状良好，同其他鲤相比，福瑞鲤 2 号具有生长快、体型好、存活率高等特点，适合池塘、稻田、网箱等多种养殖方式，取得了显著的经济和社会效益。

河南省商丘市水利局水产技术推广站 2015 年和 2016 年引进福瑞鲤 2 号进行大规模养殖，养殖面积达 1 000 亩，亩产量提高 20%以上，累计新增产值 238 万元，新增利润 66 万元。福瑞鲤 2 号生长速度快、存活率高且产量高，比原养殖品种福瑞鲤生长快 15%以上，存活率提高 5.3%。

贵州省水产研究所 2014—2016 年引进福瑞鲤 2 号共计 6 500 万尾，开展大规模养殖，养殖面积达 8 311 亩，与原有品种相比，该品种生长速度快 20%以上，存活率提高 7.41%，亩均产可提高 20%以上，亩新增纯收益均超过 1 500元，总经济效益达 1 349 万元。

长春市双阳区水产技术推广站 2015—2016 年引进福瑞鲤 2 号，在其 500 亩的养殖基地进行了生产性中试，连续 2 年，抽样结果均显示福瑞鲤 2 号生长速度明显快于普通养殖品种，5 个养殖池塘比对照池塘分别快 22.5%、27.8%、30.4%、32.8%和 23.9%，鱼种阶段存活率 95%，成鱼阶段存活率达 98%，产量和经济效益大大提高。

福建南平市水产技术推广站 2015—2016 年引进福瑞鲤 2 号进行养殖，养殖面积达 200 亩，福瑞鲤 2 号生长速度快、体型好、死亡率低，亩单产提高 25%以上，新增产值 45 万元，新增利润 12 万元，取得显著经济效益和社会效益。

宁夏贺兰县新明水产品产销专业合作社2015—2016年从中国水产科学研究院淡水渔业研究中心基地引进福瑞鲤2号水花鱼苗1 000万尾，培育成鱼种后供应附近的养殖户，累计中试面积3 000多亩。养殖户普遍反映福瑞鲤2号长势快，产量高，并且体型好，受老百姓欢迎，比福瑞鲤生长快15%以上，存活率提高6.17%。

辽宁淡水水产科学研究院从2015年开始引进福瑞鲤2号，其中试池塘养殖面积超过7 000亩，网箱6.77万米^2，通过中试发现，与普通品种相比，福瑞鲤2号越冬期存活率高，生长速度快15%以上，亩均产可提高15%以上，每亩新增纯收益超过4 604元，总经济效益达4 152.17万元。

新疆盛汇生态渔业有限公司从2016年开始养殖福瑞鲤2号，养殖面积达350亩，亩产量显著提高，超过20%，存活率提高8.53%。

云南水产技术推广站从中国水产科学研究院淡水渔业研究中心引进福瑞鲤2号共1 850万尾，中试池塘养殖面积达11 696亩，稻田养鱼面积达23 963.5亩，与原有品种相比，该品种越冬期存活率高，生长速度快15%以上，亩均产可提高10%以上，亩新增纯收益超过3 300元，总经济效益达21 222.6万元；稻田养鱼亩新增纯收益超过300元，总经济效益达2 972.5万元。

2015—2016年，共生产福瑞鲤2号苗种1.6亿，在全国18个省（自治区、直辖市）进行中试养殖，累计中试面积超过15万亩，新增产值1.25亿元，新增利润2 100万元。

二、人工繁殖技术

（一）亲本选择与培育

1. 亲本来源

福瑞鲤2号亲本由中国水产科学研究院淡水渔业研究中心提供。严禁苗种生产场将自行繁殖的后代作为亲鱼使用。引进的良种亲本或经选育的后备亲鱼的所有个体应符合福瑞鲤2号的种质标准。储备亲本数量不少于500尾，繁育群体不少于200组。雌雄亲鱼个体应达到750克以上。亲鱼允许使用年龄小于8龄，应定期从原种场或研究单位引进新的纯种亲鱼。所有保种亲本在隔离保种区内养殖，以防混杂。

2. 亲本培育

（1）池塘条件　亲鱼培育池应选择背风向阳、水源丰富、水质清新，注、排水方便的鱼塘，池塘面积2～5亩，水深2米，淤泥少。养殖水源应符合《渔业水质标准》（GB 11607—1989）规定，养殖用水水质应符合《无公害食品　淡水养殖用水水质》（NY 5051）要求。亲鱼宜专池饲养，建立亲鱼档案，严禁混入其他鲤。

（2）放养密度　亲鱼池塘放养量每亩不超过 300 尾，可搭配100～150 尾鲢、鳙。为防止早产，最好在秋末或立春前将雌、雄鱼分塘培育。

（3）饲养管理　饲养鲤亲鱼的饲料有豆饼、菜饼、麦芽、米糠、菜叶、螺蛳等，或粗蛋白含量在 27%以上的营养全面的配合饲料。不要长期喂单一的饲料。日投饵量为鱼体重 2%～4%。一般日投喂 2 次，上午、下午各一次。

产前强化培育：亲鱼在越冬之前一个月应投喂足量的营养全面的饲料。当春季水温回升至 8 ℃以上时，就应少量投喂；水温达 13 ℃以上时，投喂足量的营养全面的饲料，确保其性腺发育良好。

亲鱼产后护理培育：产后亲鱼应及时转入水质清新的培育池中培育，投喂足量的营养全面的饲料，使其尽快恢复体质。每 10～15 天泼洒生石灰、漂白粉等，以调节水质和预防鱼病。

（二）人工繁殖

1. 人工催产

（1）繁殖季节与水温　福瑞鲤 2 号的产卵季节因地区不同而略有差异，其繁殖季节见表 4。繁殖水温为 16～26 ℃，适宜繁殖水温为 18～24 ℃。

表 4　福瑞鲤 2 号的繁殖季节

地区	繁殖期	适宜期
珠江流域	3 月上旬至 4 月下旬	3 月上旬至 4 月中旬
长江流域	3 月下旬至 5 月上旬	3 月下旬至 4 月下旬
黄河流域及以北地区	4 月中旬至 6 月中旬	4 月中旬至 5 月中旬

（2）催产亲鱼的选择与配组　繁殖用亲鱼应体质健壮，性腺发育良好，体型、体色、鳞被具有典型的品种特征，雌鱼 3 龄、体重 1.5 千克以上，雄鱼 2 龄、体重 1 千克以上，活力强而无伤。衰老期的鱼尽管个头很大，但精、卵质量差，孵出的鱼苗生产性能退化，故不宜继续用作亲鱼。

（3）成熟雄鱼的体表特征　胸鳍前数根鳍条背面、尾柄背面、腹鳍等部位和鳞片有粗糙感。轻压腹部有乳白色精液流出。

（4）成熟雌鱼的体表特征　腹部膨大、柔软、有弹性。卵巢轮廓明显，泄殖孔稍凸起、红润。

（5）催产雌雄亲鱼的配组比例　配组比例为 1∶(1～1.5)。

（6）催产药物与剂量　亲鱼的催产剂量可在表 5 中任意选一种方法，雄鱼所用的剂量为雌鱼的 1/2。注射液用 0.7%生理盐水配制，注射液用量为每千克鱼 0.5～1 毫升。

表 5　福瑞鲤 2 号催产药物和剂量

性别	方法	药物	剂量
雌（♀）	1	LRH－A	2～4 微克
		HCG	500～600 国际单位
	2	LRH－A	2～4 微克
		鲤鱼脑垂体	2～4 毫克
	3	鲤鱼脑垂体	4～8 毫克
雄（♂）		同雌鱼	减半

（7）*注射方法*　采用胸鳍基部或背部肌肉注射。雌鱼一次注射和两次注射均可。采用两次注射时，为第一次注射总剂量的 1/8～1/6，间隔 8～10 小时再注射全部余量。雄鱼采用一次注射，在雌鱼第二次注射时进行。

（8）*效应时间*　注射的水温与效应时间的关系见表 6。

表 6　水温与效应时间的关系

水温（℃）	一次注射效应时间（小时）	两次注射效应时间（小时）
18～19	17～19	13～15
20～21	16～18	11～13
22～23	14～16	10～12
24～25	12～14	8～11
26～27	10～12	7～9

2. 产卵

（1）*鱼巢制备*　鱼巢作为鲤所产黏性卵的附着物，凡是细须多、柔软、不易发霉腐烂、无毒害的材料都可用来制作鱼巢。常用的材料是经煮沸或药水浸泡棕榈皮和柳树根等。鱼巢消毒后，制成束状，晾干备用。

自然产卵：产卵池要求注、排水方便，环境安静，阳光充足，水质清新。面积 2～5 亩，水深 0.7～1 米，用前 7～15 天彻底清塘。池内和池面无杂草。鱼巢可以沿鱼池四周摆放或布设成方阵悬吊于水中。

天气晴朗、水温适宜时，即可将成熟的亲鱼进行人工催产，注射药物后按雌雄鱼 1∶1.5 的比例放入产卵池，注入微流水。每公顷可放亲鱼 1 500～2 000尾。鲤产卵后，将已布满鱼卵的鱼巢及时轻轻取出，转入孵化池孵化。

（2）人工授精　接近效应时间时，检查雌鱼，轻压其腹部，若鱼卵能顺畅流出，即开始人工授精。

鲤通常采用干法人工授精。操作方法：擦干亲鱼身上的水，先在一个干净的瓷碗或面盆内挤入少量雄鱼的精液，后挤入雌鱼的鱼卵，然后再挤入适量精液，用硬羽毛搅拌2～3分钟即可使鱼卵着巢或脱黏。操作过程中应避免阳光直射。

3. 孵化

将带有鱼卵的鱼巢放在鱼苗培养池进行静水自然孵化。鱼苗池须提前7～15天严格清塘，水深0.5～0.8米，水质清新。鱼巢放置深度为水面下0.1～0.2米，鱼卵放置密度为每公倾1 000万～1 500万粒。也可脱黏孵化，脱黏可采用泥浆脱黏法，先用黄泥土搅成稀泥浆水，然后将受精卵缓慢倒入泥浆水中，搅动泥浆水，使鱼卵均匀地分布在泥浆水中。经3～5分钟的搅拌脱黏后，移入网箱中洗去泥浆，即可放入孵化器中孵化。也可采用滑石粉脱黏法，将100克滑石粉即硅酸镁加20～25克的食盐放入10升水中，搅拌成混合悬浮液。然后一边向悬浮液中慢慢倒入1.0～1.5千克受精卵，一边用羽毛缓慢地搅动。半小时后，将鱼卵用清水洗1次。人工授精脱黏后的鱼卵即可在孵化缸和环道进行流水孵化。每立方米水体放卵150万～200万粒。

出苗：在水温22℃时，受精卵3～4天孵化出苗，流水孵化的鱼苗发育至腰点明显后即可长途运输。池塘静水孵化的鱼苗通常要在原池培育至乌仔鱼种后再分池或出售。

（三）苗种培育

1. 鱼苗池的选择和清整

鱼苗池的选择和清整：要求注、排水方便，环境安静，阳光充足，水质清新；面积3～10亩；用前7～15天用生石灰彻底清塘。进水必须经40目的筛网过滤，与孵化池基本相同。鱼池在使用前要认真检查和整修，并彻底清塘消毒。

2. 施基肥

在鱼苗下池前3～5天，向池内加注新水0.5～0.7米（要严防野杂鱼及有害生物进入池内），并施放基肥。通常每公顷施发酵的畜粪3～6吨，加水稀释后均匀泼洒；也可施无毒的绿肥，堆放在池子的边角处。如需快速肥水，可使用无机肥料，一般氨水每公顷施用75～1 500千克，硫酸铵、硝酸铵等每公顷施用37.5～75千克。施基肥后，以水色逐渐变成浓淡适宜的茶褐色或油绿色为好。孵化池兼作培育池的，在孵出苗后，也要逐渐施肥、肥水。

3. 鱼苗放养

鱼苗的放养密度是每公顷225万～300万尾（池塘孵化的要估计鱼卵数和出苗数）。每个池塘放养的鱼苗，应该是同批繁殖的。放养前，应用密网反复拉网彻底除去池中的蝌蚪、水生昆虫、杂鱼等有害生物。最好在池中插一个小网箱，放入少量鱼苗试水，证实池水无毒性时再放鱼苗。

4. 饲养管理

（1）喂食　鱼苗除了靠摄食肥水培养的天然饵料生物外，还必须人工喂食。主要是泼洒豆浆，每天上午、下午各泼洒一次。

投喂量通常以水体面积计算，一般每公顷每天用黄豆45～60千克，可磨成豆浆1 500千克左右。当天磨，当天喂。一周后增加到60～75千克，并在池边增喂豆饼糊。

（2）分次注水　随着鱼体的增长，要分次加注新水，增加鱼体活动空间和池水的溶解氧，使鱼池水深逐渐由0.5～0.7米增加到1～1.2米。

（3）巡塘　每天早晚坚持巡塘，严防泛塘和逃鱼，并注意鱼苗活动是否正常，有无病害发生，及时捞除蛙卵和杂物等。

（4）锻炼和分塘　鱼苗经过半个月左右的饲养，长到1.7～2.6厘米的乌仔鱼种时，即可进行出售或分塘。出售或分塘前要进行拉网锻炼，目的是增强鱼的体质，使其能经受操作和运输。

锻炼的方法：选择晴天的9:00以后拉网，把网拉到鱼池的另一头时，在网后近一池边插下网箱，箱的近网一端入水中，然后将网的一端搭入网箱，另一端逐步围拢，并缓缓收网，鱼即自由游入箱中，鱼在网箱内困养几个小时后，即可放回池中。锻炼前，鱼要停食一天。操作时要细心，阴雨天或鱼种浮头时不宜进行。

三、健康养殖技术

（一）健康养殖模式和配套技术

1. 池塘条件

因地理区域而异，要求水源充足，排灌方便，通常单个池塘面积为5～10亩，水深为1.5～2.5米，池底淤泥厚度小于0.2米。

2. 放养前的准备

鱼种放养前应做好池塘的维修、清整、消毒、注水、施基肥及试水等工作。

3. 鱼种放养

鱼种要求健壮、无伤、无病。同塘放养的同种鱼种要求规格整齐，并一次放足。

4. 放养方式

福瑞鲤 2 号有套养、混养、主养和单养多种养殖类型。放养鱼种的品种、规格、密度应依据各地养殖习惯及所预期达到的成鱼产量指标、商品鱼规格的大小以及池塘和生产的实际条件而定。

以鲤为主的混养模式是我国北方较寒冷地区普遍采用的模式，该模式鲤产量占总产 70%以上。由于北方鱼类的生长期较短，要求放养大规格鱼种，鲤由 1 龄鱼种池供应，鲢、鳙由原池套养夏花解决，放养时，鲤以 1 龄鱼种入池，至收获时都能达到最低的食用规格。鲢、鳙放养两种规格，大者当年养成上市，小者则养成大规格供第二年的放养之用。以投鲤配合饲料为主，养鱼成本较高。近年来混养类型已搭配异育银鲫、团头鲂等鱼类，并适当增加鲢、鳙的放养量，以扩大混养种类，充分利用池塘饵料资源，提高经济效益。

南方地区鲤大多作为搭养品种，主要有以下养殖方式：

以鲢为主的成鱼高产塘：肥源丰富、水质较肥或可以利用生活污水的塘，可主养鲢；放养的比例大体是鲢占 60%，鳙不超过 10%，草鱼占 10%，鳊、鲂不超过 10%，鲤占 10%。

以草鱼为主的成鱼高产塘：水源充沛，水草、旱草资源丰富或草鱼颗粒饲料价格低且来源足的地区，可以草鱼为主；草鱼和团头鲂占 60%，鳙占 25%，鲢占 5%，鲤占 10%。

5. 放养时间

鱼种的提早放养，是提高产量的重要措施之一。大规格鱼种一般是秋冬季或早春放养，当年夏花鱼种在 5—6 月放养。

6. 饲养管理

单养或主养福瑞鲤 2 号时，以投喂适口颗粒配合饲料为主。配合饲料应营养全面，日投喂 2～3 次。配备增氧机增氧，以保持水质新鲜，溶解氧正常。同时每隔半月每亩泼洒生石灰 10～20 千克，以澄清水质。透明度最好保持在 0.2～0.3 米。

（二）主要病害防治方法

1. 小瓜虫病（又称白点病）

小瓜虫病的病原体是多子小瓜虫。多子小瓜虫身体柔软可塑，当它钻进鱼的皮肤或鳃组织内时，剥取寄生组织作营养，引起鱼体组织增生，形成脓疱，肉眼可见许多小白点，同时还产生大量的黏液而死亡。

防治方法：用生石灰彻底清塘消毒。

2. 黏孢子虫病

黏孢子虫病的病原体在我国淡水鱼中已发现 8 属、100 多种。黏孢子虫往往大量侵袭鱼皮肤、鳃瓣，寄生在鳃表皮组织里，不断生长繁殖，形成许多灰白色的点状的胞囊，使鳃组织受破坏，影响鱼的呼吸机能，严重时使鱼死亡。

（1）*预防* 用生石灰125千克/亩彻底清塘，以杀灭淤泥中的孢子；用石灰氮100千克/亩清塘杀灭；鱼种放养前，用高锰酸钾500 mg/L浸洗30分钟，或用石灰氮500 mg/L悬浮液浸洗30分钟，能有效杀灭60%～70%的孢子。

（2）*治疗* 用晶体敌百虫0.5～1 mg/L全池泼洒，连用2～3天为一疗程，连续使用两个疗程；用灭孢灵1～2 mg/L全池泼洒，可有效防治此病。

3. 竖鳞病（又称鳞立病，松鳞病）

有人初步分离到竖鳞病的病原体为水型点状极毛杆菌。病鱼体表粗糙，多数在尾部的部分鳞片像松球似地向外张开，而鳞片基部的鳞囊水肿，其内部积聚有半透明或含有血的渗出液，以致鳞片竖起，伴有表皮充血，眼球凸出，腹部膨胀等症状。病鱼游动迟钝，呼吸困难，身体倒挂，腹部向上，2～3天后即死亡。此病主要危害鲤、鲫和金鱼，其他鱼也有发生。

防治方法：人工扞捕、运输、放养等操作的过程中要避免鱼体受伤；用3%食盐水溶液浸洗鱼体10～15分钟；用5 mg/L硫酸铜、2 mg/L硫酸亚铁和10 mg/L漂白粉混合液浸洗鱼体5～10分钟。

4. 鲤春病

鲤春病是由鲤春病毒引起，发病时鱼体色发黑，呼吸缓慢，侧游，腹部膨胀，腹腔内有渗出液，眼凸出。肛门红肿凸出。每年春季水温上升至13～22 ℃时开始流行。

防治方法：调节水质，换出池塘中1/3～1/2的水体，无换水条件的池塘可以全池泼洒水质改良剂；如具有水温30 ℃以上且可直接用于养殖的水源，可将池水水温调至22 ℃以上，注意一次调节水温变化不能超过5 ℃；调水后，选择晴天时全池泼洒水体杀虫药物和抗病毒药物，第二天再用一次抗病毒药物。在饲料中拌入大黄（每千克鱼体5～10克）、土霉素（每千克饲料50～100克）、维生素C（每千克饲料100～150克），每天2次，连用5～7天。用药1周后，再将池水换出1/2。

5. 痘疮病

鲤痘疮病是疱疹病毒引起的一种病毒性鱼病。主要危害1～2龄鲤鱼种。一般流行季节在秋末至初冬或春季，水温在15 ℃以下易发病。发病期间，同池其他鱼类都不感染。发病初期，病鱼的皮肤表面出现许多乳白色的小斑点，并覆盖有一层白色黏液。随病情的发展，白色斑点的数量逐渐增多，面积逐渐扩大，以至蔓延至全身；患病部位表皮逐渐增厚，形成石蜡状的“增生物”，增生物可高出体表1～2毫米，其表面光滑，后来变为粗糙。“增生物”如占据鱼体大部分，就会严重影响鱼的正常生长，对脊椎骨的生长损害严重，出现骨软化，同时病鱼消瘦，游动迟缓，出现大批死亡。

（1）预防　鱼池用生石灰彻底清塘，以控制有病原的水体。隔离病鱼，严禁把有病的鲤运到其他养殖场或水体中去饲养；不能把病鱼作亲鱼使用。做好越冬池和越冬鲤种消毒工作，注意调节水体的 pH，保持在 8 左右。

（2）治疗　将病鱼放在含氧量较高的清水中（流动的水体更好），体表“增生物”可逐渐自行脱落而痊愈。连续投喂三黄粉配制成的药饵 5 天；同时全池泼洒 0.4 mg/L 二溴海因，每天一次，2 天为一疗程。每 50 千克饲料加诺氟沙星 100 克配制成药饵连喂 5 天；同时全池泼洒 0.5 mg/L 溴氯海因，每天一次，2 天为一个疗程。

四、育种和种苗供应单位

（一）育种单位

中国水产科学研究院淡水渔业研究中心

地址和邮编：江苏省无锡市滨湖区薛家里 69 号，214128

联系人：董在杰

电话：0510－85558831，13861734035

（二）种苗供应单位

中国水产科学研究院淡水渔业研究中心

地址和邮编：江苏省无锡市滨湖区薛家里 69 号，214128

联系人：董在杰

电话：0510－85558831，13861734035

（三）编写人员名单

董在杰，朱文彬，傅建军，王兰梅。

脊尾白虾“科苏红1号”

一、品种概况

（一）培育背景

脊尾白虾（*Exopalaemon carinicauda* Hohhuis）又名白虾、小白虾、五须虾、青虾、绒虾、迎春虾等，系热温带海区底栖虾类，以黄海、渤海产量最高。脊尾白虾肉质细嫩，味道鲜美，除供鲜食外，还可加工成海米，因其呈金黄色，故也有“金钩海米”之称；其卵可制成虾籽，也是上乘的海味干品。脊尾白虾具有生长速度快、经济价值高、肉质鲜美、养殖经济效益好等优势，是非常有潜力的增养殖虾类品种。随着沿海滩涂的开发，养殖面积迅速扩大，脊尾白虾目前已成为池塘单养、鱼虾贝类混养和虾池秋冬季养殖的重要品种，有报道称，脊尾白虾养殖产量已占我国东部沿海混养池塘总产量的1/3以上。

脊尾白虾繁殖期长、繁殖力高，且其世代周期短，南方沿海繁殖期一般在3—11月，北方沿海在4—10月。抱卵雌虾胚胎孵化后，在环境稳定、饵料丰富的情况下，经3天左右可再次蜕壳交配产卵，连续不断地进行繁殖。幼体在饵料充足时，经50～70天即可长到4～6厘米的商品规格，大部分个体可达性成熟。脊尾白虾在实验室条件下的驯化及周年繁殖已成功开展。因此，脊尾白虾是非常有发展前景的选育候选品种。

近年来，虽然脊尾白虾的养殖面积和产量不断提高，但种质退化、良种缺乏等问题也越来越突出。目前脊尾白虾养殖苗种主要通过自然海区纳苗、捕捞天然苗或直接在养殖池放养抱卵虾等方式获得，苗种数量和质量受外部环境影响很大，并且现有的苗种均来自未经驯化、选育的野生虾，甚至是人工养殖的越冬虾，导致养殖群体往往生长速度慢、抗逆能力差、商品虾规格差异明显等，从而显著降低了养殖的经济效益。因此，开展具有优良性状的脊尾白虾新品系研究势在必行。

（二）育种过程

1. 亲本来源

2012年在江苏启东市沿海脊尾白虾养殖池塘中发现极少量（突变率约为

百万分之三）体色为红色的脊尾白虾个体，将其从养殖池塘中挑出后作为育种亲本。

2. 技术路线

脊尾白虾“科苏红 1 号”选育的技术路线如下（图 1）：从野生脊尾白虾群体中挑选体色突变为红色的个体，经定向交配产生红色子代，对其红色子代进行形态学和分子遗传学分析（SSR 和 COⅠ）确认为脊尾白虾，并分析红色性状的遗传规律，以红色体色为目标性状，经过连续 4 代的群体选育，获得了红色体色性状稳定遗传的脊尾白虾新品种“科苏红 1 号”。

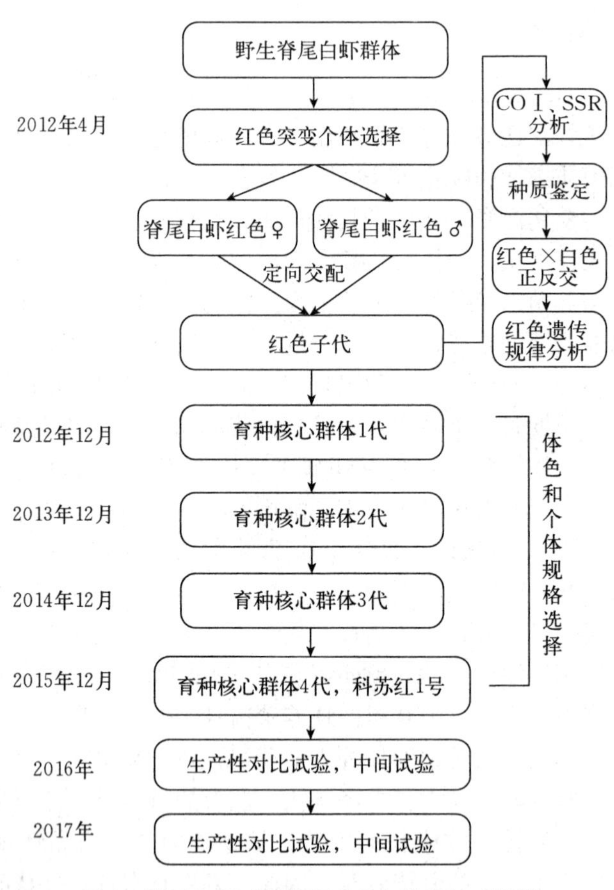

图 1　脊尾白虾“科苏红 1 号”选育技术路线

3. 选育过程

2012 年获得的体色为红色的脊尾白虾定向交配产生红色子代，经分子鉴定确定其为脊尾白虾体色发生突变的个体。通过对红色子代进行定向交配，发现脊尾白虾红色个体与红色个体交配后代 100%为红色，而红色个体和正常个体的正、反交后代均呈现正常体色，结合回交试验结果判定红色性状为隐性基因控制的质量性状。同时，还定性分析了红色子代个体中的色素物质，证实该红色物质主要为游离态虾青素，其为全反式构象。2012 年年底，将定向交配产生的红色后代养殖到成体之后，根据红色体色深浅（通过三文鱼肉色标准比色尺 *Salmo*Fan™ Lineal 测量，色度值≥30）并结合个体规格进行留种，2012—2015 年，每代均进行红色个体间定向交配，产生 100%红色个体的后代，后代个体养殖成熟后根据红色的色度值并结合个体规格进行选择留种和交配。到 2015 年年底，通过连续 4 代的群体选育，获得了红色性状稳定遗传的脊尾白虾选育群体，将其命名为脊尾白虾“科苏红 1 号”（图 2）。

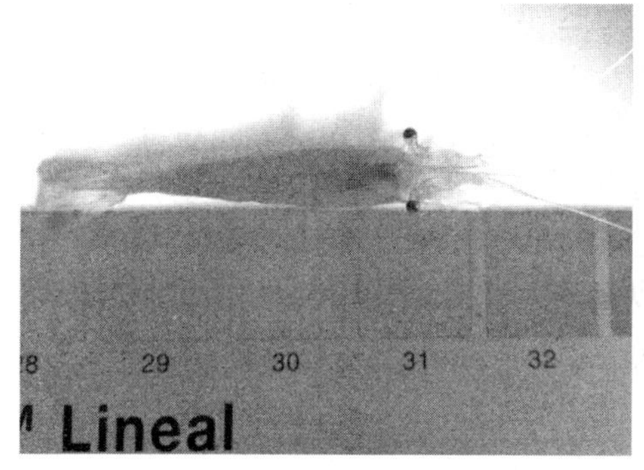

图 2　脊尾白虾“科苏红 1 号”

（三）品种特性和中试情况

1. 品种特性

脊尾白虾“科苏红 1 号”通体红色，富含总类胡萝卜素及虾青素，为高营养价值、高附加值的养殖新品种；遗传稳定性好，经过连续四代的选育，红色体色性状遗传稳定，后代体色红色的比例为 100%，商品虾体色经三文鱼肉色标准比色尺（*Salmo*Fan™ Lineal）测量，色度值在 30 以上；低氧耐受性高，对溶解氧的半数窒息点显著降低；市场接受度好，市场售价较未选育脊尾白虾提高一倍以上。

2. 中试情况

为了评价脊尾白虾在不同地区的养殖效果，2017 年分别在江苏省南通市和盐城市的脊尾白虾养殖池塘开展了中间试验，共养殖脊尾白虾“科苏红 1 号”392 亩，其中在南通地区养殖面积为 232 亩，盐城地区养殖面积为 160 亩。具体情况如下：

（1）脊尾白虾“科苏红 1 号”南通地区中间试验结果　2017 年 4 月，在江苏省启东市开展了脊尾白虾“科苏红 1 号”的中间试验，养殖“科苏红 1

号”共计 50 亩，以未经选育的脊尾白虾作为对照。其中 5 个海水池塘（每个池塘面积为 10 亩）投放“科苏红 1 号”亲虾，10 个海水池塘（每个池塘面积为 10 亩）投放普通脊尾白虾亲虾，亲虾投放密度均为 1.5 千克/亩。结果显示，“科苏红 1 号”性状稳定，所有个体均表现为红色。

2017 年 4 月，在江苏省南通市开展了脊尾白虾“科苏红 1 号”的中间试验，试验养殖“科苏红 1 号”共计 182 亩，以未经选育的脊尾白虾作为对照品种。其中 12 个池塘投放“科苏红 1 号”亲虾，6 个池塘投放普通脊尾白虾亲虾，每个池塘面积约为 15 亩，亲虾投放密度为 1.5 千克/亩。结果显示，脊尾白虾“科苏红 1 号”性状稳定，所有脊尾白虾个体都表现为红色。

（2）脊尾白虾“科苏红 1 号”盐城地区中间试验结果　2017 年 4 月，在江苏省盐城市开展了脊尾白虾“科苏红 1 号”的中间试验，试验养殖“科苏红 1 号”共计 160 亩，以未经选育的脊尾白虾作为对照品种。其中 16 个海水池塘投放“科苏红 1 号”亲虾，10 个海水池塘投放普通脊尾白虾亲虾，所有池塘每个面积均为 10 亩，亲虾投放密度为 1.5 千克/亩。结果显示，脊尾白虾“科苏红 1 号”性状稳定，所有个体均为红色。

二、人工繁殖技术

（一）亲本选择与培育

1. 亲本来源

脊尾白虾“科苏红 1 号”亲本保存在启东市庆健水产养殖有限公司和江苏省海洋水产研究所如东试验基地，每年可提供亲虾 30 万对以上。亲本应符合以下要求：以三文鱼肉色标准比色卡（*Salmo*Fan™ Lineal）计量的体色色度值应≥30，雌虾体长≥5.0 厘米，体重≥2.0 克，雄虾体长≥4.5 厘米，体重≥1.5 克；外观光洁，无附着物；头胸甲、附肢、腹节、尾扇无损伤，额剑完整无折断，无其他外伤和畸形；无褐斑、黑鳃、红体、软壳、白斑等病症；对外界刺激反应灵敏，弹跳有力，游泳姿态正常，无侧卧；白斑综合征病毒（WSSV）、桃拉综合征病毒（TSV）检测为阴性。

2. 亲虾运输

亲虾运输应选择温度较低的季节或夜间进行。亲虾的捕获使用脊尾白虾专用地笼随捕随收，亲虾在地笼中时间不超过 2 小时，运输用水为亲虾养殖池塘的海水。短途运输可采用敞口帆布桶，每 0.1 米^3 水体可装亲虾 3.0 千克左右，装水为桶高 1/2 左右，持续充气；长途运输应采用活海鲜运输专用车辆和活虾运输笼，每笼放虾 2 千克左右，持续充气；温度超过 20 ℃时，应适当加冰块降温。

3. 亲虾培育

根据生产计划，提前1个月将尚未抱卵的亲虾放到亲虾培育池中并集中进行营养强化。亲虾培育池可以为室外土池或室内水泥池。室外土池面积3～5亩，水深80～100厘米，配备底增氧和水面增氧机设施，亲虾放养密度100～150千克/亩。室内水泥池圆形或长方形，面积30～50米^2，池深140～150厘米，每平方米池底布设1～2个充气石；宽边一侧或池角一侧的底部设排污孔，用孔径830～1 000微米的筛网在靠近排污孔一侧作为屏障，将亲虾培育池隔离为亲虾活动区和幼体收集区，两块区域面积比为（5～10）∶1；亲虾放在亲虾活动区一侧，密度100～200尾/米^2。

饵料主要为沙蚕、鱿鱼、新鲜蛤蜊肉等鲜活饵料，兼投少量亲虾专用配合饲料，其中沙蚕应占饵料总量的1/3以上。每天投喂量为亲虾总重的10%～15%，每天分3次（8：00、16：00、23：00）投喂，其中前两次投喂量各占40%。

室外土池的温度、光周期、光照强度等随自然条件变化，可根据水体透明度适当肥水增加浮游生物量，期间无需换水。室内亲虾培育池水温应保持23～25 ℃；持续充气，保持溶解氧浓度在5毫克/升以上；保持自然光周期，室内池可以通过悬挂遮阳网等方式将白天的光照强度控制在500～1 000勒克斯；每天上午吸污换水1次，先用虹吸方法清除残饵、粪便、虾壳等污物，再加注新水，日换水量80%左右。新加海水水温应与原培育水温接近，温差不超过1 ℃。

（二）人工繁殖

1. 土池自然繁殖

亲虾的交配及产卵均在亲虾培育池内完成，待发现有半数以上雌虾出现抱卵虾时，将亲虾转移到已经过消毒、肥水处理的养殖池塘中，若4月中下旬投放亲虾，则每亩水面投放亲虾0.75～1.0千克；若6月中下旬投放亲虾，则每亩水面投放亲虾1.5～2.0千克。幼体孵化及苗种培育阶段均在养殖池塘内完成，在此阶段的主要管理工作是通过适时肥水控制水体透明度在30～40厘米，首次肥水方法为每亩施用100～150千克发酵有机肥，以后视水色追加40%复合肥，每亩使用量2～3千克。

2. 室内人工繁殖

亲虾的交配、产卵及幼体孵化均在亲虾培育池内完成，待发现有抱卵虾出现后，将水温控制在25～26 ℃；每天上午吸污换水1次，先用虹吸方法清除残饵、粪便、虾壳等污物，再加注新水，日换水量80%左右。新加海水水温应与原培育水温接近，温差不超过1 ℃；在25 ℃条件下，脊尾白虾从产卵到幼体孵化需要 13 天左右。

在亲虾活动区上方架设遮阳网，在幼体收集区上方架设光源，利用幼体的趋光性收集幼体；用孔径 125 微米的筛绢网收集幼体，根据幼体密度及布池计划昼夜均可以随时收集。幼体收集后迅速移入 500 升玻璃钢桶中，持续微充气，待幼体收集完毕，加水调整到 500 升刻度线，然后加大充气量，使幼体在水体中均匀分布，用 100 毫升取样杯随机取样 3 次，取平均值，计算幼体总量。

（三）苗种培育

室内人工繁殖的苗种培育阶段在育苗池中完成。育苗池为圆形或长方形的室内水泥池，面积 20 米^2 左右，池深 140～150 厘米。池底及四壁光滑，宜涂刷无毒聚酯漆。在远离室内通道一侧的池壁上标出水深刻度线，池底向排水孔一侧倾斜，坡度 2°～4°，在池底最深处设排水孔，池外设集苗槽。在幼体布池前，对育苗池及附属设施（充气管、散气石、加温管道等）进行严格清洗和消毒。育苗用水经沉淀、沙滤净化、含氯消毒剂处理，再经 EM 菌活化及 10 毫克/升 EDTA－2Na 处理后使用。育苗池选用 300～500 毫克/升的高锰酸钾或 50～100 毫克/升的漂白粉浸泡 5 小时以上，然后用育苗用水冲洗干净。育苗池进水 80～100 厘米，水温应与幼体孵化水温一致或稍高 0.5 ℃，微充气。

幼体入池前移到孔径为 125 微米的手抄网中，经 500 毫克/升福尔马林溶液浸泡 50～60 秒或 10 毫克/升聚维酮碘溶液浸泡 5～10 秒，消毒后用育苗水冲洗，然后移入育苗池。幼体布池密度为 10 万～15 万尾/米^3。

幼体入池水温 25 ℃左右，以后每变态一次提高水温 0.5 ℃，到仔虾时水温提高到 28 ℃；培育盐度保持 15；光照强度维持 500～1 000 勒克斯；入池 1～5 天，水面呈弱沸腾状；6～10 天，水面呈沸腾状；11 天至出苗，水面呈强沸腾状。幼体入池后前 3 天不换水，每天加新水 10 厘米；从第 4 天开始隔日换水，逐次加大换水量至 80%；每次换水前停气半小时，利用虹吸方法吸底、排污；清污完毕后添加新的育苗用水至换水前刻度，水温与原培育池水温一致或高 0.5 ℃。每天上午及晚上分别测量水温、盐度、溶解氧、pH、氨氮等理化指标一次，溶解氧大于 5 毫克/升，氨氮浓度小于 0.5 毫克/升。病害防控以调控水质为主，每次换水后适量泼洒稀释后的 EM 菌、芽孢杆菌等微生态制剂。

投饵量根据幼体的发育阶段、摄食状况、幼体密度、水质情况灵活调整。

糠虾幼体Ⅰ期：不投喂。

糠虾幼体Ⅱ期：投喂卤虫无节幼体，分 10:00 和 18:00 两次投喂。

糠虾幼体Ⅲ期：按（2～3）∶1的比例投喂卤虫无节幼体加育苗专用人工配合饵料，人工配合饵料经孔径75微米的筛绢网过滤后全池泼洒，日投喂量为5毫克/升左右，人工配合饵料每4～6小时投喂一次。

糠虾幼体Ⅳ期：逐渐减少卤虫投喂比例，至卤虫无节幼体，人工配合饵料=1∶1，人工配合饵料经孔径为106微米的筛绢网过滤后全池泼洒，日投喂量为5～10毫克/升。

糠虾幼体Ⅴ期至仔虾期：将卤虫无节幼体投喂比例至30%以内，过滤人工配合饵料的筛绢网孔径按120微米、150微米、180微米依次增大。

水温25～28℃条件下，从糠虾幼体Ⅰ期到完全变态为仔虾需10～11天，再培育5天虾苗体长达到0.7～0.8厘米方可销售或使用。健康虾苗的标准：红色个体比例100%，仔虾体长≥0.7厘米，规格整齐，体色正常，体表光洁，健壮、活力好，胃肠道饱满、肠线清晰，附肢完整无畸形，WSSV、TSV检测阴性。

三、健康养殖技术

（一）健康养殖（生态养殖）模式和配套技术

脊尾白虾“科苏红1号”适合我国广大沿海及滩涂地区养殖，适宜养殖盐度为2～40。目前，脊尾白虾的主要养殖模式为混养，如虾蟹混养、虾鱼混养等。其中虾蟹混养模式是应用最广泛的模式之一，以下主要介绍脊尾白虾“科苏红1号”与三疣梭子蟹混养的技术要点。

1. 水源水质及养殖场地

水源水质应符合渔业水质标准的规定。养殖场应选择在附近无污染源，进排水方便，交通便利，水源充足的沿海地区。池塘形状以长方形、东西向为宜；池塘面积一般在10～15亩；池周建有环沟，环沟深度0.5～1.0米、宽度5～10米；中央设平台，平台水深<1.0米；进、排水口分别位于池塘两端。

2. 放养前期准备

根据生产计划提前2～3个月排干池内积水，清除池内杂草、淤泥，封闸、晒池，滩面翻耕15～30厘米。进水20厘米左右，每亩用漂白粉15～20千克或生石灰75～100千克浸泡后均匀抛洒，1周后排干池水，曝晒备用。种苗投放前1个月进水，在进水闸门处安装孔径0.125～0.18毫米的滤水网。初次进水水深以20～30厘米为宜，以后逐渐添加。到投苗时，水深加到50厘米左右。进水后每亩施用100～150千克发酵有机肥，以后视水色追加40%复合肥，每亩使用量2～3千克，保持透明度30～40厘米。

3. 种苗投放

脊尾白虾：若4月中下旬投放亲虾，则每亩水面投放“科苏红1号”亲虾0.75～1.0千克；若6月中下旬投放亲虾，则每亩水面投放亲虾1.5～2.0千克；若投放苗种，可在7月上旬每亩投放“科苏红1号”苗种5万～6万尾。

梭子蟹：5月上旬每亩水面投放Ⅲ期三疣梭子蟹（1 500～3 000只/千克）幼蟹2 000～2 500只。

4. 养殖期管理

脊尾白虾亲虾或苗种投放后，将水位缓慢升高到80～100厘米；7—8月将水位提高到120厘米左右，大暴雨或连续阴雨天过后，应及时适量换水，保持盐度15以上；9月以后，将水位维持在80～100厘米。透明度应控制在30～40厘米。pH应控制在7.8～9.0。溶解氧浓度应维持在4.0毫克/升以上。

脊尾白虾体长大于2厘米时开始投喂饵料，饵料为冰冻小麻虾及面粉（比例1∶1）自制饵料或商品饲料，日投喂量为虾体总重的5%～10%，视摄食和天气情况适当增减。7:00—8:00和16:00—17:00各投喂一次，其中上午投喂总量的40%，下午投喂总量的60%。

每天巡塘2～3次，观察水色变化、摄食、生长、死亡情况等，发现问题及时针对性处理。

脊尾白虾体长5厘米左右可以起捕上市，梭子蟹体重200克左右可以起捕，收获时间可根据市场的需求确定。

（二）主要病害防治方法

脊尾白虾养殖过程中的主要的病害包括病毒性疾病（如白斑综合征）和细菌性疾病（如肝胰腺坏死病和黑鳃病）两大类。

1. 白斑综合征

是由对虾白斑杆状病毒（WSSV）引起的主要传染性虾病之一。发病特征表现为虾体反应迟钝，沿池塘四周缓慢游动；摄食量减少，甚至不摄食；虾体发红，虾壳变软，胃肠空虚，甲壳易于剥落，对头胸甲及尾部甲壳显微观察可见明显的白色斑点，虾体慢慢出现死亡现象。该病主要对成虾危害较大，死亡虾体中90%以上都是商品规格虾。该病主要在夏秋季节暴发流行，特别是8—9月，发病概率较大，其发病快、病程短、死亡率高。

该病目前尚无有效防治药物，只能通过预防措施来防止疾病的暴发流行，根本措施是通过强化管理进行全面综合预防，并通过与肉食性的鱼、蟹类混养的生物防控模式切断传播途径，以减轻病害损失。具体防控措施包括进水前的彻底清塘、曝晒、消毒；种苗的严格检疫，杜绝使用携带WSSV的种苗；根据养殖模式和市场情况选择合适的混养种类，如梭子蟹、青蟹、东方鲀、黑鲷等，利用肉食性的混养动物摄食养殖池塘中可能传播病原的小型甲壳动物及发病的弱虾、死虾，切断传播途径，降低风险；加强水质、底质的改良，定期使用微生态制剂降低氨氮和亚硝酸氮水平；维持养殖水体的溶解氧、pH、盐度、温度等水质指标的稳定，减少应激反应。

2. 肝胰腺坏死病

是由副溶血弧菌、哈维氏弧菌或美人鱼发光杆菌等感染引起的细菌性疾病之一，死亡率较高。发病症状表现为病虾肝胰腺萎缩、颜色变浅、轮廓模糊，体表色素减少，肌肉轻微白浊，空肠空胃或肠道内容物不连续。夏秋高温季节是发病高峰期，该病交叉感染快、累计死亡率高。

主要预防措施包括放养前彻底清塘消毒；高温季节，每隔10～15天全池泼洒二溴海因复合消毒剂0.2克/米^{3}一次，消毒4～5天后全池泼洒光合细菌（5克/米^3）或芽孢杆菌（0.25克/米^3）等微生态制剂。治疗措施为全池泼洒二溴海因复合消毒剂0.2克/米^3，同时内服含有药物的饲料，可在每千克饲料中添加氟苯尼考0.5克，连续投喂3～5天。

3. 黑鳃病

是由柱状曲桡杆菌感染引起。发病症状表现为病虾鳃丝呈灰色、肿胀、鳃丝溃烂、呼吸困难。此病多发于高温期，高密度养殖、水体富营养化的虾塘易发此病。

主要防治措施包括每隔10～15天全池泼洒一次溴氯海因（或二溴海因复合消毒剂）0.2～0.4克/米^{3}和沸石粉20克/米^3，消毒4～5天后全池泼洒光合细菌（5克/米^3）或芽孢杆菌（0.25克/米^3）等微生态制剂。治疗措施为连续2天全池泼洒0.2～0.3克/米^{3}碘制剂，间隔2天后全池泼洒光合细菌（5克/米^3）或芽孢杆菌（0.25克/米^3）；同时内服适量的环保抗菌药物。

四、育种和种苗供应单位

（一）育种单位

1. 中国科学院海洋研究所

地址和邮编：山东省青岛市市南区南海路7号，266071

联系人：李富花

电话：0532－82898836

2. 江苏省海洋水产研究所

地址和邮编：江苏省南通市崇川区教育路31号，226007

联系人：万夕和

电话：0513－85228266

3. 启东市庆健水产养殖有限公司

地址和邮编：江苏省启东市东海镇戴祥村十七组 70 号，226253

联系人：袁汉冲

电话：13101997127

（二）种苗供应单位

1. 中国科学院海洋研究所

地址和邮编：山东省青岛市南海路 7 号，266071

联系人：张成松

电话：13589388025

2. 启东市庆健水产养殖有限公司

地址和邮编：江苏省启东市东海镇戴祥村十七组 70 号，226253

联系人：袁汉冲

电话：13101997127

（三）编写人员名单

张成松，李富花，于洋。

脊尾白虾"黄育1号"

一、品种概况

（一）培育背景

脊尾白虾（*Exopalaemon carinicauda*）隶属于节肢动物门（Arthropoda）、甲壳纲（Crustacea）、十足目（Decapoda）、长臂虾科（Palaemonidae），白虾属（*Exopalaemon*），其肉质细腻，味道鲜美，营养价值高，深受广大消费者和养殖业者欢迎。脊尾白虾主要分布于我国大陆沿岸和朝鲜半岛西岸的浅海低盐水域，以渤海和黄海产量最大。20 世纪 80 年代，我国开始了脊尾白虾的繁殖生物学研究，经过多年发展，目前全国脊尾白虾年养殖面积超过 40 万亩，年产量约 5 万吨，年产值超过 30 亿元，已发展成为我国海水养殖特色经济虾类之一。

随着养殖规模的扩大，由于脊尾白虾养殖主要依靠捕捞野生亲虾放入池塘自然繁殖，其生长速度缓慢，养殖产量不稳定，且对病原和环境胁迫的防御能力下降，病害发生日渐严重，造成巨大的损失。造成这种现象的主要原因之一是养殖所用亲体基本上没有经过系统的人工选育，其遗传背景为野生型，生长速度、抗病能力尚未达到良种化的程度，良种问题已成为制约我国脊尾白虾养殖业健康发展的主要瓶颈之一。因此，对脊尾白虾进行遗传改良，培育出具有高产、抗逆等优良性状的新品种，是脊尾白虾养殖业迫切需要解决的问题。

（二）育种过程

1. 亲本来源

2011 年收集了我国沿海渤海湾、莱州湾、胶州湾、海州湾和象山湾 5 个地理群体野生脊尾白虾共约 30 000 尾构成育种基础群体，其中渤海湾海区约 5 600尾，莱州湾海区约 5 400 尾，胶州湾海区约 5 200 尾，海州湾海区约 5 800 尾，象山湾海区约 8 000 尾。

2. 选育技术路线

2012 年构建核心育种群，以收获体长和体重为指标，每年进行 2 代群体选育。每代以收获体长和体重为选育指标对核心育种群进行选择，每代留种率控制在3%～5%，留种亲虾40 000尾以上。2012—2014年，经过连续6代的选育，选育出的脊尾白虾生长速度快、整齐度好，命名为脊尾白虾“黄育1号”。选育技术路线见图1。

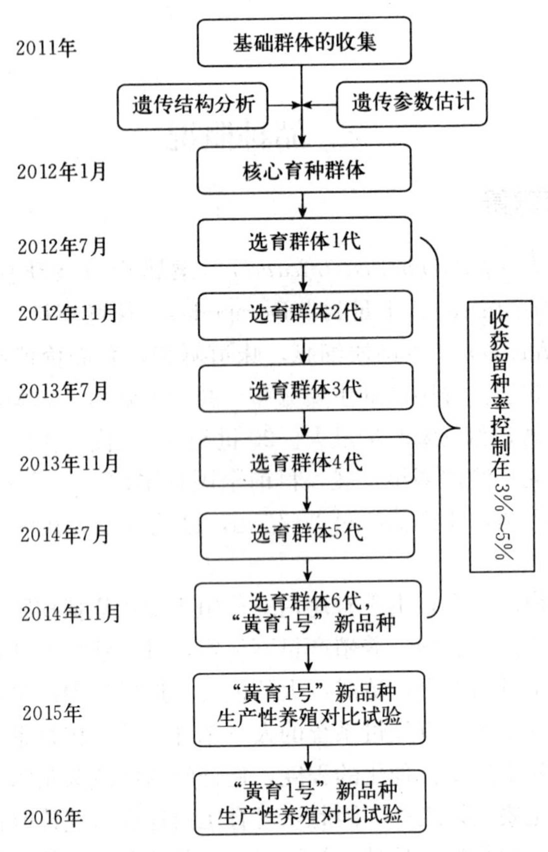

图1　脊尾白虾“黄育1号”新品种选育技术路线

3. 选育过程

2012年1月从每个基础群中选择个体大、活力强、健康亲虾构建核心育种群，4—7月养殖第一代，7月底进行第一代群体选育（G1）；8—11月繁育养殖第二代，11月底进行第二代群体选育（G2）。以收获体长和体重为指标，每年进行2代群体选育，每代按照3%～5%的留种率，挑选个体大、活力强的健康亲虾40 000尾以上留种。2012年核心育种群选育2代收获体长57.51毫米，较对照组提高8.74%，收获体重2.90克，较对照组提高10.25%；2013年核心育种群选育4代收获体长57.88毫米，较对照组提高10.57%，收获体重 2.99 克，较对照组提高 14.56%；到 2014 年经连续 6 代选育后，收获体长较对照组提高 12.62%，收获体重较对照组提高 18.40%（表 1），性状稳定，命名为脊尾白虾“黄育 1 号”（图 2）。

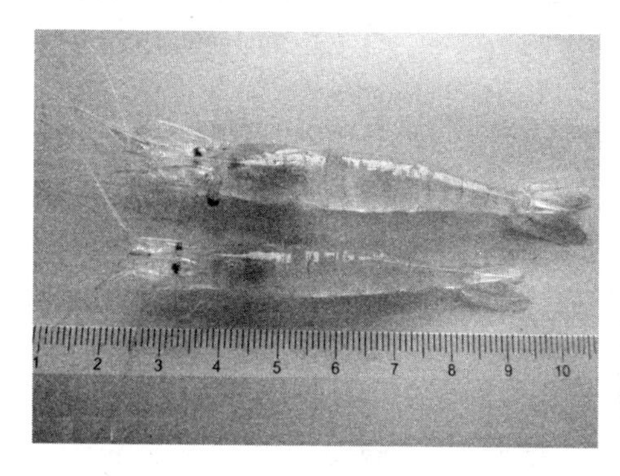

图 2　脊尾白虾“黄育 1 号”

表 1　脊尾白虾“黄育 1 号”与野生对照历年对比小试结果

时　间	选育世代	体长			体重		
		“黄育 1 号”平均体长（毫米）	野生对照平均体长（毫米）	提高值（%）	“黄育 1 号”平均体重（克）	野生对照平均体重（克）	提高值（%）
2012 年	G1	45.71	42.26	8.16	1.1	1.21	8.22
	G2	57.51	52.89	8.74	2.90	2.63	10.25
2013 年	G3	47.89	43.82	9.29	1.38	1.23	12.23
	G4	57.88	52.35	10.57	2.99	2.61	14.56
2014 年	G5	47.92	43.07	11.26	1.42	1.22	16.39
	G6	59.34	52.04	12.62	2.96	2.50	18.40

（三）品种特性和中试情况

1. 品种特性

脊尾白虾“黄育 1 号”新品种生长速度快，收获时平均体长较野生对照提高 12.62%，平均体重较野生对照提高 18.40%；整齐度高，体长变异系数<5%。

2. 中试情况

2014—2016 年，分别在江苏南通、山东日照和东营地区进行了脊尾白虾“黄育 1 号”的中试养殖，中试期间累计养殖面积 4 380 亩，平均亩产达 75 千克以上，新增产值 1 200 多万元，取得了良好的中试养殖效果，为当地的脊尾白虾养殖产业带来显著的经济效益（表 2）。

表2　2014—2016年脊尾白虾“黄育1号”中试养殖情况

年　份	地　点	面积（亩）	新增产量（吨）	新增产值（万元）	新增利税（万元）
2014年	江苏南通如东	500	21.6	108.0	42.5
	山东日照东港	360	10.8	54.0	21.3
	山东东营利津	430	32.25	161.5	59.6
2015年	江苏南通如东	550	31.7	158.5	63.4
	山东日照东港	480	14.7	73.5	28.9
	山东东营利津	420	33.6	192.0	75.2
2016年	江苏南通如东	570	34.5	189.7	74.7
	山东日照东港	540	21.2	106.0	40.3
	山东东营利津	530	47.7	243.0	97.9
合　计		4 380	248.05	1 286.2	503.8

二、人工繁殖技术

（一）亲本选择与培育

1. 亲本来源

脊尾白虾“黄育1号”亲本，来源于日照海辰水产有限公司的核心育种群。选择虾体肥壮、体色鲜艳，活动正常无伤无病的个体。亲虾的附肢具感觉、运动、摄食和防御等功能，同时与交配、抱卵孵化都有直接关系，因此必须选留触角、附肢完整，特别是步足和游泳足无缺损的个体作为亲虾。亲虾须经定期抽检不携带特定病原。

2. 亲虾越冬培育

选择健康无病、附肢完整、活动正常的亲虾，雌虾体长5.5厘米以上，雄虾5.0厘米以上。亲虾越冬培育池为长方形或圆形水泥池，面积在30～40米^2，池深90～150厘米，池底设有排水孔，向一边或中间倾斜，坡度为2%～3%。亲虾越冬放养密度为300～500尾/米^2，雌雄比例为1∶1。

亲虾入池前池内加水20～30厘米，加入20毫克/升的高锰酸钾，亲虾入池后浸泡1小时，以后逐渐将池水加至1米。亲虾越冬水温维持8～9℃，溶解氧5毫克/升以上，盐度23～35，pH 7.8～8.6。亲虾越冬期的饵料以活沙蚕效果最好，投喂量控制在亲虾体重的3%～5%，并根据具体摄食情况进行增减，投喂前饵料消毒（高锰酸钾）、冲洗干净，避免携带病原。

每天换水30%～50%，同时吸出池底残饵和粪便。越冬期应减小光照强度，使光照强度在500勒克斯以下，越冬后根据所需产卵时间适当增强光照强度和日照时间，以促进性腺的发育。

（二）人工繁殖

繁殖用雌虾应卵巢发育正常、丰满、纵贯整个头胸甲，无变红或变白的间断处，卵巢呈黄色或浅黄色，带黑色斑点，边缘轮廓清晰，无白色边缘。雌性脊尾白虾没有像中国对虾那样特殊的纳精囊，每次产卵前都需交尾。交尾前雌虾进行生殖蜕壳。雌虾卵巢发育至Ⅳ期时，先进行生殖蜕壳，然后交尾，交尾结束后，一般半小时开始排卵，抱于腹部进行孵化。

交尾后雌虾腹部所抱卵子为受精卵，卵子黏性，呈黄色或淡黄色，椭圆形，卵膜外有丝状物缠绕并相互粘连。受精卵有较长的发育期，发育时间在一定范围内随水温升高而缩短，水温在16.5～18.8℃时，需要20～21天；水温在23～28℃时，只需要12～13天。脊尾白虾早期胚胎发育可划分为12个发育期：受精卵、二细胞期、四细胞期、八细胞期、十六细胞期、三十二细胞期、囊胚期、原肠期、无节幼体期、后无节幼体期、前溞状幼体期、后溞状幼体期，最终破膜而出的幼体为溞状幼体。

（三）苗种培育

育苗池为长方形水泥池，面积一般为30～40米^2，池深1.2～1.5米，池壁标出水深刻度线，池底应向一边倾斜，坡度为2%～3%，池底最低处设排水孔，池外设集苗槽。配备加温和充气设备，控制温度，保证水体溶解氧充足。放入溞状幼体前应对培育池严格消毒，池底、池壁可用6.0毫克/升的漂白粉或20毫克/升的高锰酸钾浸泡24小时，然后冲洗干净备用。

溞状幼体入池前，在育苗池水中加入EDTA－2Na 2毫克/升，微弱充气。将溞状幼体入手抄网（100目筛绢），经计数后再将幼体移入培育池。放养密度应根据育苗池的条件而定，一般为10万～20万尾/米^3。水温控制在24～26℃，光照强度500勒克斯以下。

投饵量应根据幼体的摄食状况、活动情况、生长发育、幼体密度和水中饵料密度等适时调整。溞状幼体Ⅰ期接种单细胞藻10万个/毫升；溞状幼体Ⅱ期每天投喂轮虫5～10个/尾或微颗粒配合饲料0.5～0.8克/米^3，分4～6次投喂；溞状幼体Ⅲ期每天投喂卤虫无节幼体5～10个/尾，分4～6次投喂，直至发育到溞状幼体Ⅵ期。溞状幼体Ⅵ期变态为仔虾后，饵料以投喂卤虫无节幼体为主，兼投少量虾片，虾片搓洗所用筛绢网目按120目、100目、80目逐渐更换。

培育过程中定期观察、检查幼体摄食和生长发育情况，每天对水质进行检测，水质调控保持水质指标 pH 7.8～8.2，盐度 26～35，化学耗氧量 1 毫克/升以下，氨氮含量 0.05 毫克/升以下，溶解氧保持 5 毫克/升以上。确保饵料供应的数量和质量；培育池及生产用具要严格消毒，各种工具专池专用；操作人员要随时消毒手足，定期消毒车间各个角落、通道；外来人员避免用手触摸池子、工具。育苗生产所使用药物应符合国家无公害健康养殖的相关规定，严禁使用国家明文禁用的抗生素或其他消毒药物。

活力好，胃肠充满食物，体表无黏附物，附肢完整无畸形，体色正常，肌肉饱满，经专业部门检验为无特定病原（SPF）的健康虾苗方可使用。

三、健康养殖技术

（一）健康养殖（生态养殖）模式和配套技术

脊尾白虾“黄育 1 号”适合在我国浙江以北沿海海水及咸淡水域养殖，养殖模式分为虾—蟹、虾—蟹—贝、虾—蟹—贝—鱼及两茬养殖、盐碱水养殖等，不同的养殖模式放养时间、放养密度和管理方式不同，但是技术要点和注意事项基本相同。

1. 养殖池塘要求

养殖池塘适宜面积为 20～30 亩，池形为长方形或方形，池深 2.5～3 米，养殖期可保持水深 1.5 米以上。池底平整，向排水口略倾斜，坡度 0.2%，做到池底积水可自流排干，以利晒池和清洁处理池底。养殖池相对两端设进、排水设施。排水闸宽度为 0.5 米，排水闸兼作收虾用，闸室设三道闸槽，中槽设闸板，内槽安装挡网，外槽安装出虾网。闸底要低于池内最低处 20 厘米以上，以利排水。

2. 池塘消毒

池塘养殖前需要进行消毒处理，池塘底部翻耕曝晒 10～20 天，彻底清除淤泥和杂草后进行消毒。常用消毒剂有生石灰、漂白粉等，一般在放养前10～15 天用 75～100 千克/亩或漂白粉 80～100 毫克/升泼洒池底，然后进水 20～30 厘米，再浸泡 2 天左右。鱼害严重的地区，在上述消毒后，可再进水施放茶籽饼 20～30 毫克/升杀灭鱼类。

3. 纳水和肥水

养殖池塘清池消毒后，一般于放养前 7～10 天，通过 60 目以上筛网进水至水深 60～80 厘米，向水中施经充分发酵后的有机肥或无机肥。一般施有机肥为 100～150 千克/亩和肥水灵等生物肥料 1～1.5 千克/亩，使池水透明度维持在 30～40 厘米，水色呈茶褐色或黄绿色。

4. 亲虾放养

亲虾放养前必须先对养殖池水进行分析，水温应在14℃以上，池水盐度与亲虾培养池盐度差不应超过5，pH在7.8～8.6，确认符合养殖水质条件方可放养。大风、暴雨天不宜放养。放养点应在养殖池塘较深的上风处，可根据养殖模式适当增加或减少放养量，脊尾白虾亲虾放养密度与养殖模式的关系参照表3。

表3 脊尾白虾亲虾放养密度与养殖模式的关系

项目	模式				
	虾—蟹（南通地区）	虾—蟹—贝（宁波地区）	虾—蟹—贝—鱼（宁波、日照地区）	两茬养殖（日照地区）	盐碱水养殖（东营、沧州地区）
放养密度（千克/亩）	0.7～1	1～2	0.5～2	2～3	1～2
预期产量（千克/亩）	150～200	80～100	75～100	180～200	80～100

5. 养殖期水质管理

（1）水位　原则上养殖前期及中期不需要换水。养殖前期，每日少量添加水3～5厘米，直到水位达2米，保持水位。养殖中后期，需酌情换水，采取少换、缓换的方式，日换水量控制在5～10厘米。整个养殖期要保持水位在2米以上，严防渗漏，如有可用的淡水资源，可适量使用淡水补充蒸发水的损耗。

（2）增氧　在正常情况下，放养以后的30天内，每天开机两次，在中午及黎明前开机1～2小时；养殖30～60天可根据需要延长开机时间。养殖60天后，由于水体自身污染加大，虾总重量增加，需要全天开机。在阴天、下雨天均应增加开机时间和次数，使水中的溶解氧始终维持在5毫克/升以上。

（3）水质调控　养殖过程中，每15～20天施加沸石粉或以沸石粉、过氧化钙为主要成分的水质保护剂，正常情况下，每亩用20～30千克。每7～10天施用微生态制剂1次，包括光合细菌、芽孢杆菌、硝化细菌和EM菌。在水温较高的7—8月，为降低水环境中的病原微生物数量，每7～10天可使用一次漂白粉（0.5～1毫克/升），如用二氧化氯等含氯消毒剂，应按生产单位提供的使用说明使用。

6. 饵料投喂

生态养殖模式由于水体中含有丰富的生物饵料，前、中期可不投喂饵料，中后期每日投喂配合饲料1～2次。根据脊尾白虾的体长，选择相应型号的饲料，配合饲料应严格执行国家发布的虾饲料标准，饲料系数不超过 1.5。投饵量应坚持定点、定时、定质和定量的原则，根据虾大小、存池数量、水质状况、饵料台的观察情况等，决定每天的投喂量。

7. 日常管理

每天最少巡池 3 次，观察水色变化、虾活动蜕壳等情况；每天 3 次检查饵料台，观察虾摄食及饲料利用情况，同时注意观察虾胃肠道饱满程度及粪便排出情况。

每 5～10 天测量一次虾生长情况并做记录。每次测量随机取样不得少于 50 尾。发现异常现象或出现病虾，应及时查明原因并于当天或次日采取相应措施。

每天应测定和记录水温、透明度、溶解氧、pH 和盐度，有条件的还应测定和记录氨氮等水质指标，并掌握其变化规律。

（二）主要病害防治方法

脊尾白虾养殖生产中主要的病害包括病毒性疾病、细菌性疾病和寄生虫病，其中病毒性疾病主要包括白斑综合征（WSSV）、桃拉综合征（TSV）和传染性皮下和造血器官坏死病毒病（IHHNV）等；细菌性疾病包括急性肝胰腺坏死综合征（EMS 或 AHPND）、弧菌病等；寄生虫病包括纤毛虫病、微孢子虫病和血卵涡鞭虫病等。白斑综合征、急性肝胰腺坏死综合征和血卵涡鞭虫病是目前脊尾白虾养殖中最主要和最严重的病害。

1. 对虾白斑综合征

（1）*病因及症状*　对虾白斑综合征是由对虾白斑杆状病毒（WSSV）引起的迄今所知的最严重的传染性虾病之一，也是海水养殖凡纳滨对虾最危险的病害之一。病虾表现为体质消瘦，生长缓慢，停止摄食，活力减弱；头胸甲上出现大小不一、肉眼可见的白色斑点，并伴有虾体发红、胃肠中空，甲壳易剥落。人工感染试验中脊尾白虾死亡率高达 68.5%，而在野外自然条件下死亡率可达 40%。

（2）*防治办法*　对虾白斑综合征目前尚无有效的防治药物。根本措施是强化管理，进行全面综合预防，并通过蟹类、鱼类混养的生物防控方法切断传播途径。具体防控措施包括进水前彻底清塘消毒除害；严格检测种苗，杜绝使用带毒种苗，并合理控制放养密度；根据养殖模式选择相应的蟹类、鱼类进行混养，例如三疣梭子蟹、青蟹、半滑舌鳎、黑鲷等，利用蟹类、鱼类摄食池塘中可能传播病原的小型甲壳类和发病死虾来降低病原传播风险；保持养殖水体高溶解氧、低氨氮，维持温度、pH、盐度等水质指标稳定。

2. 急性肝胰腺坏死综合征

（1）*病因及症状* 急性肝胰腺坏死综合征（AHPND）是由一种副溶血性弧菌的突变株引起的，该菌株含有的独特质粒编码出的类杀虫毒素的蛋白，会引起虾类的肝胰腺坏死，是近年来流行的一种虾类传染性疾病。病虾表现为体质较差，甲壳变软，摄食量大幅减少甚至停止摄食，空肠空胃，肝胰腺萎缩呈淡黄色、白色或肿胀、糜烂发红。急性肝胰腺坏死综合征主要发生在仔虾和幼虾阶段，可导致大量死亡，死亡率可达90%以上。

（2）*防治方法* 由于发病机理尚不完全清楚，针对AHPND治疗目前仍以预防为主。具体措施为：严格检测种苗，选择带菌量少的种苗进行养殖；做好清池消毒工作，降低池底有机质的含量，减少细菌繁殖机会；采用"少吃多餐"的投喂方式，保证饵料投喂后1小时内吃完，避免残饵；在水体和饲料中使用和拌喂芽孢杆菌、乳酸杆菌、光合细菌和酵母菌等有益微生物，达到调控水质和提高虾体免疫力的目的。

3. 血卵涡鞭虫病

（1）*病因及症状* 血卵涡鞭虫是一种单细胞腰鞭虫，主要寄生于野生或养殖甲壳类的血腔、肌肉和肝胰腺。血卵涡鞭虫病又称白浊病，主要原因为血卵涡鞭虫寄生于脊尾白虾心脏、肝胰腺、肌肉和鳃组织。虾感染血卵涡鞭虫后反应迟钝，游动缓慢，摄食下降，体色白浊，肝胰腺模糊、发白，血淋巴液呈浊白色。通常发病几天内可造成规模性死亡，同时往往会引起同塘养殖的梭子蟹发病，造成较大危害。

（2）*防治方法* 针对血卵涡鞭虫病的防治仍以预防为主。重视清塘消毒，彻底杀灭残留的杂鱼虾，以免其成为寄生虫的宿主；鲜活饵料采取少量多次的投喂方式，避免水质恶化；定期使用微生态制剂和氧化性底质改良剂改善水质和底质。

四、育种和种苗供应单位

（一）育种单位

1. 中国水产科学研究院黄海水产研究所

地址和邮编：山东省青岛市南京路106号，266071

联系人：李健

电话：0532－85830183

2. 日照海辰水产有限公司

地址和邮编：日照市东港区涛雒镇小海村，266061

联系人：王培春

电话：13066058199

（二）种苗供应单位

日照海辰水产有限公司
地址和邮编：日照市东港区涛雒镇小海村，276805
联系人：王培春
电话：13066058199

（三）编写人员名单

李健，刘萍，李吉涛，翟倩倩，王培春。

凡纳滨对虾“正金阳1号”

一、品种概况

（一）培育背景

凡纳滨对虾（*Litopenaeus vannamei*），又称太平洋对虾（White pacific shrimp），我国俗称南美白对虾；属于节肢动物门（Arthropoda）、甲壳动物亚门（Crustacea）、软甲纲（Malacostraca）、十足目（Decapoda）、对虾科（Penaeidae）、滨对虾属（*Litopenaeus*）。

凡纳滨对虾是世界第一养殖虾类，约占全球养殖对虾产量70%，占我国对虾养殖产量的80%～90%。随着我国凡纳滨对虾养殖地域和规模的扩大，养殖产业对优质种苗的需求量持续增加，目前我国凡纳滨对虾的种苗生产量已超过7 000亿尾。凡纳滨对虾原种分布于中南美洲自然水温20 ℃以上的狭窄热带海域，而我国95%以上凡纳滨对虾养殖区域分布在冬季水温20 ℃以下的亚热带和温带水域。目前我国凡纳滨对虾养殖区域的水质差异巨大，而且海水养殖和淡水养殖都有，温度、盐度等水质因子的剧变导致凡纳滨对虾多数品种难以适应，整个行业都面临着如何增强凡纳滨对虾的环境抗逆性以提高养殖效益的难题。因此，选育适合不断变化的养殖环境、对温盐逆境耐受能力不断增强的凡纳滨对虾抗逆良种，是我国对虾养殖产业可持续发展的关键所在。

本项目旨在培育出具有耐低温和耐低盐抗性，而且兼具生长速度快和成活率高等优势的抗性新品种，以满足我国凡纳滨对虾养殖对抗逆良种的需要，推动对虾抗逆育种的技术创新，促进对虾养殖产业的可持续发展。

（二）育种过程

1. 亲本来源

凡纳滨对虾“正金阳1号”亲本来源于美国的科拿湾（Kona bay marine resources，KMR）、泰国的正大（Charoen pokphand group，CPG）、我国的“中科1号”（GS 01-007-2010，ZK1）和美国的OI（Oceanic institue）四个凡纳滨对虾选育群体，每个基础群的亲本规模不少于1 000对。

2. 技术路线

以耐低盐、耐低温抗性为主要选育目标性状，从 KMR、CPG、ZK1、OI 四个育种基础群中，选择生长速度快和成活率高的亲本；采用定向交尾、人工植精和全人工授精方法培育全同胞和半同胞家系，通过标准化培育选择、抗性选择和个体标志选择方法对耐低温（TR）和耐低盐（SR）家系分别构建相应的耐低温（TR）家系库和耐低盐（SR）家系库；分别进行 TR 家系间和 SR 家系间的配套杂交，构建相应的 TR 品系和 SR 品系，选择抗性强，且生长速度快和成活率高的品系留作品系育种群；分别从 TR 品系育种群和 SR 品系育种群中选择亲本，进行 TR 品系和 SR 品系间的杂交，获得抗性优势明显、性状稳定的耐低温耐低盐（TSR）新品种。具体选育技术路线如图 1。

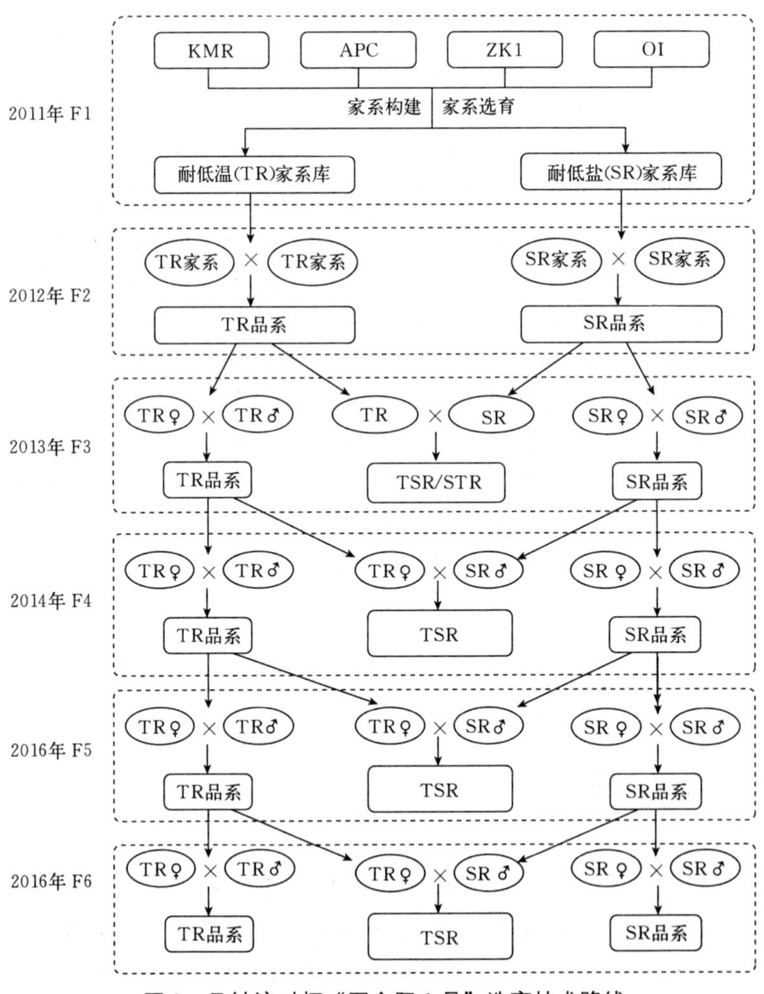

图 1　凡纳滨对虾“正金阳 1 号”选育技术路线

3. 选育过程

自2011年2月开始选择亲本，入选亲本需符合以下要求：虾体完整，体质强壮，附肢健全，体色透明，胃肠饱满，体表光滑，无附着生物，无外观病征；雌虾体长大于17厘米，体重大于45克；雄虾体长大于13厘米，体重大于35克；经PCR或LAMP检测，WSSV、TSV、IHHNV、YHV、HPV等病毒，体内弧菌，虾肝肠孢子虫等病原呈阴性。在经过亲虾室内营养强化培育后，将雌虾单侧眼柄切除。进入繁殖前，初步评估亲虾亲本强化培育期间的生长速度、群体成活率和个体性腺发育情况，从KMR、CPG、ZK1、OI四个育种基础群各挑选生长速度快、群体成活率高和个体性腺发育良好的亲本个体100尾（♀：♂=1：1），留种率1.25%～7.7%，共同构建选育亲本基础群体。性状选择的基本标准是强化培育期间所在群体成活率的选择权重占60%、生长速度选择权重占30%、性腺发育度选择权重占10%。入选的亲本，通过定向交尾、人工植精或全人工授精方法繁育家系。家系经二次（无节幼体、P5）选择后，进行第三次（P10）耐低温（TR）和耐低盐（SR）抗性选择，分别选择TR和SR家系进一步培育到体长5～6厘米（约40天），进行第四次个体编码标志选择（图2）。个体标志后，TR家系和SR家系混合在一起进行同池培育，进行相同养殖条件下的性状对比测试。同一家系的未标志个体进行同池分隔培育或单池培育，直至培育为体重大于13克/尾（约90天）的商品虾规格，再进行第五次选择。TR抗性和SR抗性强、生长速度快和成活率高的家系继续培育至亲本规格，分别进入TR家系库和SR家系库。

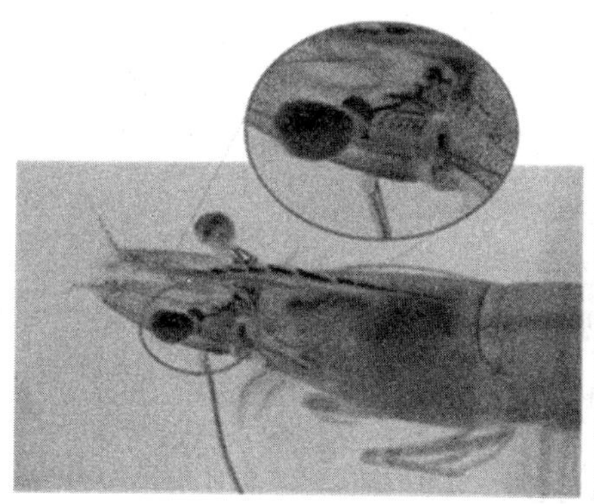

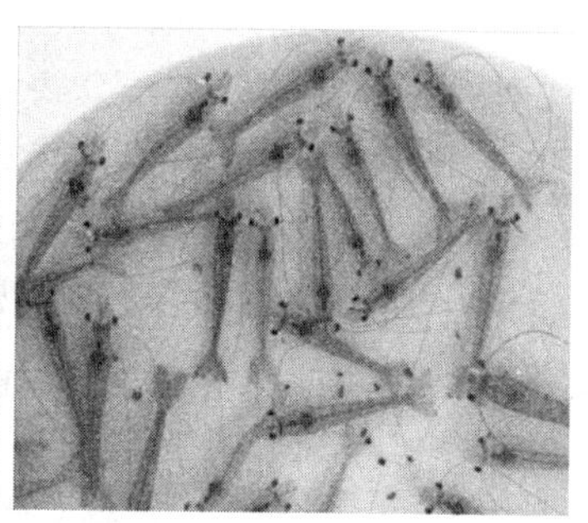

图2　凡纳滨对虾个体编码标志

2012年分别从TR家系库和SR家系库中按照上述方法分别选择亲本，进行TR和TR家系间、SR和SR家系间的配套测试，后代经过上述五次选择后，选择TR抗性或SR抗性强、生长速度快和成活率高后代留种，形成TR

和 SR 品系。

2013 年从 TR 品系群留种和 SR 品系群留种中按照上述方法分别选择亲本，进行 TR 和 TR 个体间、SR 和 SR 个体间的正反交测试，后代经过上述五次选择后，选择 TR 抗性或 SR 抗性强、生长速度快和成活率高杂交后代留种，提纯 TR 抗性或 SR 抗性，分别选择抗性强，且生长速度快和成活率高的个体留种进入 TR 品系和 SR 品系。

2014 年分别从 TR 品系育种群和 SR 品系育种群中选择亲本，进行 TR 品系和 SR 品系间的杂交，杂交品系经历与家系和品系选择相同的培育选择、抗性选择和个体标志选择后，配合力高的品系留种用作杂交配套系，具有耐低温和耐低盐能力强，兼具生长速度快和成活率高的品系杂交后代，即为耐低温耐低盐（TSR）新品种。

2015 年对选育获得的 TSR 新品种进行制种繁育和遗传评估，进行生产性对比试验和中间试验，从抗性强且生长速度快和成活率高的品系育种群中优选亲本，保持和稳定祖代家系和父母代品系的优良性状，保持和稳定 TSR 新品种的选育目标性状。

2016 年继续进行生产性对比试验和中间试验，从抗性强且生长速度快和成活率高的品系育种群中优选亲本，保持和稳定祖代家系和父母代品系的优良性状，保持 TSR 新品种的选育目标性状。

（三）品种特性和中试情况

1. 品种特性

凡纳滨对虾“正金阳 1 号”的外部形态特征（图 3）在选育过程中未出现明显的变化，具有典型的凡纳滨对虾形态学特征。其甲壳较薄而透明，表面光滑，正常体色为浅青灰色，全身不具斑纹，步足白色，额角较平直，上额角齿数 8～9 齿，常为 8 齿；下额角齿数为 1～2 齿，常为 2 齿；额角齿式：8～9/1～2，在胃上齿前。雄性交接器腹脊短，无端突，中叶基部与末端近等宽；侧叶游离部分长，明显超过中叶，亚椭圆形。成熟的雄虾呈青灰至青绿色，精荚白色。雌性交接器开放型，在第 14 胸节腹甲前部有一对斜锐脊，脊的中部向腹面突出成锐耳，无板和纳精囊；第 13 胸节腹甲有大的半圆形至亚方形中央突，呈倒“Ω”状。成熟的雌虾呈青灰至青绿色，卵巢橙红色。

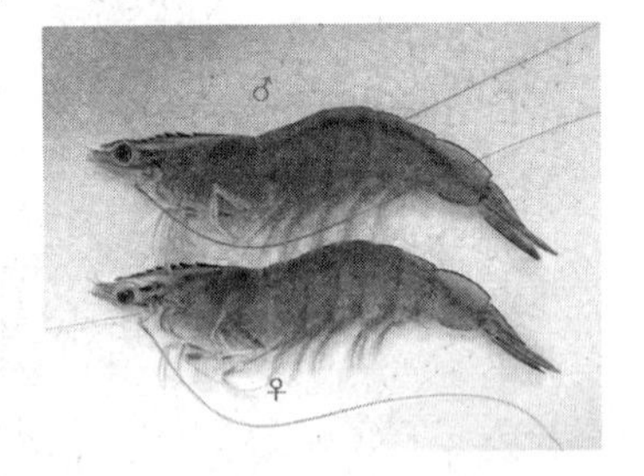

图 3　凡纳滨对虾“正金阳 1 号”

2. 优良性状

耐低温能力强，虾苗低温应激成活率比“中科1号”和“SIS”提高20%；耐低盐能力比“SIS”强，虾苗低盐应激成活率提高10%；养殖成活率高，生长速度快，特别适合低温越冬养殖。在冬春季露天养殖（水温12～18℃）条件下，虾苗成活率比“中科1号”高16%～20%，比“SIS”高24%；生长速度比“中科1号”和“SIS”提高10%以上。在咸淡水（盐度0.5）和淡水（盐度0）养殖条件下，虾苗成活率比“SIS”高20%～22%，耐低盐能力和生长速度与“中科1号”相比无显著差异。适合我国海水、咸淡水和淡水养殖区域养殖。

3. 中试情况

2015—2016年连续两年在广东、广西、上海和江苏选择具有代表性的养殖地区，针对低温越冬养殖和常温养殖两种模式进行了中间试验（表1和表2），验证了凡纳滨对虾“正金阳1号”的耐低温与耐低盐能力强的特点，取得了良好的效果。

（1）*低温越冬养殖*　2015—2016年连续两年，与广东省茂名市海洋与渔业推广中心、湛江市水产技术推广中心站、阳江市水产技术推广中心站、电白县水产技术推广站、茂名市金茂海水养殖场和广西区钦州市兴桂生物科技有限责任公司等单位合作进行了凡纳滨对虾“正金阳1号”的中间试验。测试虾池均为露天养殖池，养殖过程中均历经当年12月至第二年1—2月的低水温越冬期。养殖周期5个月（150～155天）。

中试养殖面积为3 050亩，放养凡纳滨对虾“正金阳1号”虾苗1.835亿尾，平均放苗密度6.02万尾/亩，收获规格平均32.95尾/千克，单造产量平均达1 451千克/亩，平均成活率79.06%，实现总产值约6.46亿元，平均亩产值达21.17万元，亩均利润7.24万元。中试结果表明凡纳滨对虾“正金阳1号”具有抗低温能力强、养殖成活率高、生长速度快、规格整齐等显著优点。

（2）*常温养殖*　2015—2016年，与广东省茂名市海洋与渔业推广中心、湛江市水产技术推广中心站、阳江市水产技术推广中心站、电白县水产技术推广站、茂名市金茂海水养殖场和广西区钦州市兴桂生物科技有限责任公司、上海市振稳实业有限公司等单位合作进行了凡纳滨对虾“正金阳1号”的中间试验。测试虾池均为露天养殖池，养殖模式包括地膜高位池养殖和土池养殖，既有海水养殖，也有咸淡水养殖和淡水养殖。养殖周期3个月（90～95天）。

中试养殖面积为3 400亩，放养凡纳滨对虾“正金阳1号”虾苗3.73亿尾，放苗密度6万～12万尾/亩，平均放苗密度10.97万尾/亩，收获规格平均74.89尾/千克，单造产量平均达1 164千克/亩，平均成活率81.07%，实现总产值约 3.08 亿元，平均亩产值达 9.05 万元，亩均利润 2.40 万元。中试结果表明凡纳滨对虾“正金阳 1 号”具有耐低盐能力强、养殖成活率高、生长速度快、规格整齐的显著优点。

表 1 凡纳滨对虾“正金阳 1 号”低温越冬养殖中试情况

时间	地点	养殖面积（亩）	放苗量（万尾）	养殖周期（天）	规格（尾/千克）	收获产量（吨）	单产（千克/亩）	成活率（%）	总产值（万元）	亩均利润（万元）
2015 年	茂名	150	900	153	32	226.4	1 059	80.5	2 463	4.92
	电白	300	1 800	155	32	423.84	1 412	75.35	6 315.3	7.37
	茂名	500	3 000	156	33.5	677.56	1 355	75.66	10 163.4	7.23
	钦州	150	900	158	34	196.81	1 312	74.35	2 755.3	5.45
2016 年	茂名	800	4 800	150	32.5	1 213.29	1 517	82.15	18 442	8.13
	湛江	100	600	150	33	136.3	1 363	75	1 908.2	6.12
	茂名	150	900	150	33	225	1 500	82.5	3 150	6.93
	钦州	150	950	150	33	235.92	1 573	81.95	3 302.8	6.5
	电白	600	3 600	152	32.5	887.48	14 793	80.12	13 134.8	7.66
	阳江	150	900	155	34	202.5	1 350	76.5	2 936.3	6.46
合 计		3 050	18 350	—	—	4 425.10	—	—	64 571.0	—
平 均		—	—	152.9	32.95	—	1 451	79.06	—	7.24

表 2 凡纳滨对虾“正金阳 1 号”常温养殖中试情况

时间	地点	养殖面积（亩）	放苗量（万尾）	养殖周期（天）	规格（尾/千克）	收获产量（吨）	单产（千克/亩）	成活率（%）	总产值（万元）	亩均利润（万元）
2015 年	湛江	100	1 200	90	81	117.75	1 178	79.5	859.68	2.15
	阳江	100	1 200	90	78	123.86	1 239	80.5	928.95	2.32
	江苏	100	800	90	75	698.67	699	65.5	562	1.95
	上海	200	1 200	92	60	153	765	76.5	1 300	1.95
	钦州	150	1 800	94	81.5	174.15	1 161	78.85	1 306.1	2.2
	电白	300	3 600	95	81	352	1 173	79.2	2 703.36	2.3
	茂名	500	6 250	96	80.5	617.39	1 235	79.52	4 753.83	2.42
2016 年	茂名	800	9 600	90	76	1 074.07	1 343	85.03	8 377.7	2.65
	电白	600	7 200	90	77.2	775.03	1 292	83.1	5 859.2	2.47
	钦州	150	1 850	92	78.5	198.48	1 323	84.22	1 468.75	2.65
	上海	200	1 300	95	58	180.43	902	80.5	1 532	2.53
	江苏	200	1 300	95	72	123.14	615	68.2	1 120	2.02
合 计		3 400	37 300	—	—	3 959.16	—	—	30 771.6	—
平 均		—	—	92.4	74.89	—	1 164	81.07	—	2.40

二、人工繁殖技术

（一）亲本选择与培育

凡纳滨对虾“正金阳1号”是由耐低温能力强的母系（TR母系）和耐低盐能力强的父系（SR父系）杂交产生的具有耐低温、耐低盐特性的品系杂交种（TSR）。凡纳滨对虾“正金阳1号”不能留作亲本，只能用于商品虾苗繁殖和养殖。

凡纳滨对虾“正金阳1号”的留种要分别保留TR母系和SR父系。每代都需选择配合力最佳的TR母本与SR父本进行杂交，获得商品代TSR进行商品虾苗繁殖和养殖。

（二）人工繁殖

凡纳滨对虾“正金阳1号”的人工繁殖与其他品种凡纳滨对虾的人工繁殖基本相同。通常应选择水源良好、排灌方便、交通便利、电力充沛，少受自然或人为干扰的位置建设育苗场。必须建设可全封闭隔离的人工繁殖和育苗车间。所有生物样品、饵料都要经过严格的病毒检测。通常采用亲虾人工强化培育、人工摘除雌虾单侧眼柄催熟和人工诱导雌雄亲虾自然交配产卵的方法进行规模化繁殖生产，也可采用人工植精和全人工授精的方法进行小批量繁殖。

（三）苗种培育

凡纳滨对虾“正金阳1号”的苗种培育与其他品种凡纳滨对虾的人工繁殖基本相同。具体可按凡纳滨对虾“中科1号”的人工繁殖技术进行。

三、健康养殖技术

（一）健康养殖（生态养殖）模式和配套技术

凡纳滨对虾“正金阳1号”新品种适合在全国沿海海水、咸淡水和淡化养殖区养殖，可采用工厂化、集约化、半集约化和粗放式等多种模式养殖。工厂化和集约化养殖密度高、单产高，尾水排放多，应采取相应的尾水处理措施，做到达标排放。凡纳滨对虾“正金阳1号”对越冬低温（水温12～18℃）耐受力强，非常适合华南沿海低温越冬养殖，但临界致死温度仍在8℃，生长温度在16℃以上，低温养殖仍要采取适当保温措施。具体养殖模式和配套技术可参考凡纳滨对虾“中科1号”的养殖技术。

（二）主要病害防治方法

凡纳滨对虾的病害较多，除了常见的病毒病、细菌性疾病和附着生物污着症等病害外，近年来，危害较大的主要流行性传染病是早期死亡综合征（EMS）和对虾肝肠微孢子虫病（EHP），EMS 的病原主要是携带新的致病基因的副溶血弧菌和哈氏弧菌，EHP 的病原则是一种对虾微孢子虫，是一种专性细胞内寄生虫病。对于 EMS 和 EHP 目前还缺乏有效的治疗方法，主要通过加强对亲本、苗种和饵料的病原检疫进行预防。

四、育种和种苗供应单位

（一）育种单位

1. 中国科学院南海海洋研究所

地址和邮编：广东省广州市新港西路 164 号，510301

联系人：胡超群

电话：020－89023218

2. 茂名市金阳热带海珍养殖有限公司

地址和邮编：广东省茂名市电白区南海街道大海路 38 号，525444

联系人：李活

电话：13580093888

（二）种苗供应单位

茂名市金阳热带海珍养殖有限公司

地址和邮编：广东省茂名市电白区南海街道大海路 38 号，525444

联系人：李活

电话：13580093888

（三）编写人员名单

胡超群，任春华，李活，罗鹏，王艳红，陈廷，黄文，江晓。

凡纳滨对虾“兴海1号”

一、品种概况

（一）培育背景

凡纳滨对虾（*Litopenaeus vannamei*），俗称南美白对虾，是我国的主要对虾养殖种类，具有生长速度快、饵料系数低、适应能力强等特点，是世界养殖产量最高的三种对虾之一。目前我国凡纳滨对虾种苗生产大多依赖从国外进口良种亲本，不仅花费巨额外汇，还可能存在难以适应国内养殖环境、生产不稳定等缺点。一些生产单位以引进种繁育的后代作为亲本培育下一代，而国外严格控制种质资源，每次进口的良种亲虾仅限2个家系的杂交种，生产单位不注重选育和育苗工艺改进，持续近亲交配导致引进良种种质退化，这极大地影响了凡纳滨对虾养殖业的可持续发展。我国政府部门一直在支持国内一些生产、科研单位开展凡纳滨对虾的良种选育工作，目前已选育出多个凡纳滨对虾新品种，在一定程度上促进了我国对虾养殖业的发展。但国内选育的新品种与国外引种相比竞争力并不高，继续加强凡纳滨对虾的育种工作，选育出拥有自主知识产权、适合我国养殖环境的凡纳滨对虾良种，对促进我国对虾养殖业的可持续发展具有重要意义。

针对以上问题，课题组以不同来源地进口的凡纳滨对虾群体及已养殖多代的凡纳滨对虾群体为基础，采用家系选育方法，基于动物模型采用最佳线性无偏预测法（BULP）育种值评价技术进行凡纳滨对虾多性状复合育种，建立适合凡纳滨对虾自身特点的育种体系，选育出适合我国养殖环境、具显著生长及成活率优势的凡纳滨对虾新品种。根据凡纳滨对虾的养殖现状和市场需要，“兴海1号”凡纳滨对虾的选育目标性状为养殖100日龄体质量和成活率。其中以体质量为主选目标性状（权重60%），成活率为辅选性状（权重40%）。

（二）育种过程

1. 亲本来源

选育组收集了多个国内养殖群体，通过遗传分析最终以7个养殖群体作为选育亲本来源，各群体分别来自：湛江中联养殖有限公司的 2 个养殖群体（YH 和 SS）；湛江市东海岛东方实业有限公司的 2 个群体（KN 和 GH）；湛江市东海对虾良种场的 1 个群体（ZX）；湛江市德海实业有限公司对虾养殖基地的 1 个群体（ZK）；广西东兴市鸿生实业有限公司的 1 个群体（HD）。

2. 技术路线

采用基于家系选育的多性状复合育种技术进行新品种培育。首先，通过遗传多样性及配合力分析，确定育种基础群体；其次，基于 BLUP 家系育种值评价构建育种核心群，即每一选育世代，都采用人工定向交尾技术大规模建立家系，基于测定的数据和系谱信息通过 BLUP 方法计算出个体或者家系性状的育种值，根据选择指数选择家系以及家系内生长较快的个体，构建育种核心群；第三，基于世代累积效应育成新品种，即通过至少连续 4 代选育，形成生长速度快、养殖成活率高、遗传及表型性状稳定的新品种。选育技术路线见图 1。

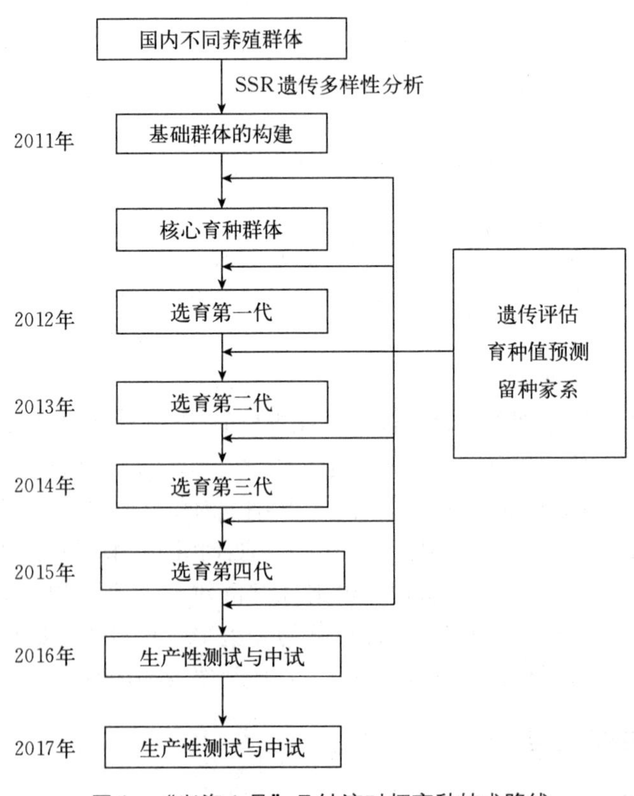

图 1　“兴海 1 号”凡纳滨对虾育种技术路线

3. 选育过程

（1）基础群体构建　2011 年初，基于遗传分析最终以 7 个养殖群体作为选育亲本来源，通过群体内或群体间自然交配，构建 220 个全同胞家系。采用非求导约束最大似然法（MTDFREML）和动物模型 BLUP 估计选育基础群体养殖 100 日龄体质量和成活率的方差组分和遗传参数，预测加性遗传效应值（育种值），通过家系平均成活率育种值加权 40%及家系平均体质量育种值加权 60%计算多性状选择指数，基于多性状选择指数高低对家系进行排序，选取选择指数高的 95 个家系作为核心育种群体。

（2）继代选育　2012—2015 年，基于 BLUP 育种值评价技术，连续开展 4 代家系选育。每个世代采用定向交配、标准化养殖、BLUP 育种值评价等方法，选留多性状选择指数排序前 50%的家系进入下一世代的选育核心群体。各代选留的家系，亲本选留根据体质量进行家系内选择，选择强度为 10%，各家系等数留种。

（3）中试与生产性对比试验情况　2016—2017 年，进行了连续 2 年的生产性对比试验及养殖示范，至 2017 年 5 月，“兴海 1 号”育成单位共向市场推出“兴海 1 号”凡纳滨对虾亲虾 2 500 对，优质虾苗 12 亿尾。

（三）品种特性和中试情况

1. 新品种的特有特征

（1）体型特征　“兴海 1 号”对虾外部形态特征在选育过程中没有出现明显的改变，符合凡纳滨对虾的形态学特征，但培育的成体与未选育群体成体相比，第一与第二游泳足明显粗壮。

（2）优良性状

① 养殖适应性强，适合我国南方沿海高位池塘、普通土塘、大棚等对虾主要养殖模式，在不同的养殖密度、养殖温度、养殖模式下均具有良好的表现。

② 生长速度快，养殖成活率高。养殖 100 日龄的“兴海 1 号”凡纳滨对虾平均成活率为 77.80%，平均体质量为 15.42 克，与“SIS”一代虾苗相比，平均成活率提高 15.0%，体质量无显著差异。

③ 养殖规格整齐，均匀度好，收获期低于群体体质量均值的个体比例低于 10%。

（3）遗传稳定性　“兴海 1 号”染色体数目为 2n＝88，成体肌肉乳酸脱氢酶（LDH）聚丙烯酰胺凝胶电泳图谱表现一条酶带，无多态性。表型性状达到稳定，随机选取养殖 100 日龄的“兴海 1 号”对虾，对其体长、体质量进行测量计算，体长、体质量等性状变异系数均低于 10%。

2. 中试情况

(1) 2016 年在广东省湛江市东简镇、雷州市、徐闻县以及广西壮族自治区防城港市、北海市等地养殖场中试养殖凡纳滨对虾新品系 1 165 亩。高位池模式下，凡纳滨对虾新品系养殖单产为 1 286.7～1 808.0 千克/亩，养殖成活率为 68.0%～85.0%；普通土池模式下，凡纳滨对虾新品系养殖单产为 467.3～1 113.3千克/亩，养殖成活率为 70.0%～78.0%。

(2) 2017 年在广东省湛江市东简镇、雷州市、徐闻县以及广西壮族自治区防城港市等地养殖场中试大棚养殖凡纳滨对虾新品系 445 亩，养殖单产为 1 270.0～1 603.6 千克/亩，养殖成活率为 68.0%～82.8%。

上述结果表明，凡纳滨对虾“兴海 1 号”在不同的养殖密度、养殖温度、养殖模式下均具有良好的表现，具有生长速度快，养殖成活率高的优点，养殖经济效益显著。

二、人工繁殖技术

(一) 亲本选择与培育

1. 亲虾挑选

(1) 亲虾外观　体形强壮，附肢健全，体色透明，胃肠饱满，体表光滑，无附着物。规格：体重 35～50 克/尾、体长 15～18 厘米/尾。

(2) 雌虾的选择　性腺成熟的雌虾，外观生殖腺颜色呈橘红色，每体节卵巢分叶清晰，性腺在第一、二腹节的凸起高，卵粒饱满。

(3) 雄虾的选择　雄虾第五步足基部的精荚囊饱满，精荚呈乳白色。

(4) 检疫检验　对白斑综合征病毒（WSSV）、传染性皮下及造血组织坏死病毒（IHHNV）、桃拉病毒（TSV）及弧菌进行抽检，经定期抽检不携带特定病原。

2. 亲虾培育

(1) 培育密度　雌、雄亲虾应分池培育，密度 10～15 尾/米^2。

(2) 环境控制　培育用海水经过沉淀、过滤等处理，培育池水深 50～60 厘米，溶解氧保持在 5 毫克/升以上，pH 8.0～8.5，水温 25～28 ℃。光照强度控制在 500～1 000 勒克斯。暂养过程中，微充气，每天换水两次，总换水量 100%以上。

(3) 投饵及营养强化　以沙蚕、牡蛎、鱿鱼作为饵料进行营养强化培育，强化培育过程中饵料日投喂量为对虾体重的 7%～15%。强化培育池用水符合或优于《渔业水质标准》(GB 11607) 的标定，且经过严格的过滤消毒。一般经 20 天以上的营养强化培育，即可进行人工催熟。

（二）人工繁殖

1. 眼柄切除

用烧红的止血钳镊烫雌性亲虾单侧眼柄，眼柄被镊灼至扁、焦即可。

2. 培育管理

（1）温度、光照与充气　培育池水温27～30℃；白天光照强度500～1 000勒克斯，夜晚除雄虾池交配时间需开灯外，其余时间不开灯；沿池周边每50～100厘米设一个气石，池中央设2～4个气石，充气呈微沸腾状。

（2）换水与清污　亲虾切除眼柄后2天内不换水，以后换水1～2次/天，日换水量80%～120%，注入新水与原池水的温差不超过0.5℃。每天早上用虹吸管和手抄网将残饵等污物清理出池，然后边排水边将池底清净，加入新鲜海水。投喂前将残饵捞出。亲虾催熟培育一段时间后，可移池培育。

（3）饵料投喂　投喂新鲜的沙蚕、牡蛎、鱿鱼、乌贼、蛤肉等，其中沙蚕占投饵总量的30%以上。投喂3～5次/天，日投喂量为亲虾体重的10%～25%，以亲虾摄食后略有剩余为宜。可在投喂的饵料中添加少量维生素E和维生素C。

3. 交配

亲虾催熟培育4～7天后，每天检查亲虾性腺发育情况。性腺成熟的雌虾，从背面观，卵巢饱满，呈橘红色，质地结实，前叶伸至胃区，略呈V字形。每天10:00—15:00，把性腺成熟的雌虾挑选出，移至雄虾培育池中交配。

4. 亲虾产卵

每天19:30和23:00前后分两次检查交配池中亲虾的交配情况，已交配的雌虾用捞网轻轻捞出，用聚维酮碘溶液或福尔马林溶液浸泡消毒后放入产卵池中，密度以4～6尾/米^{2}为宜。未交配的雌虾捞出放回原雌虾培育池中。

5. 幼体孵化

受精卵的孵化密度30万～80万粒/米^2。孵化池充气使水呈微波状。水温保持28～30℃，每1～2小时搅动池水一次，将沉于池底的卵轻轻翻动起来。在孵化过程中及时把脏物用网捞出，并检查胚胎发育情况。孵化时间13～15小时。

6. 无节幼体的收集与计数

幼体全部孵出后，用排水器排出2/3左右的水，在集幼体槽中用同样网目的网箱收集幼体，除去脏物，移入幼体桶中，微充气。无节幼体取样计数，经检疫合格后可销售或进入下一步培育。

（三）苗种培育

1. 育苗条件

育苗池多为长方形水泥池，一般设在室内，池深1.2～1.8米，容积10～

50 米^3。育苗用水水源水质应符合《渔业水质标准》（GB 11607）的规定，水质应符合《无公害食品　海水养殖用水水质》（NY 5052）的规定。用水应经沉淀、过滤等处理后使用。要求海水盐度 26～35，pH 7.8～8.4，化学耗氧量 1.0 毫克/升以下，总氨氮 0.05 毫克/升以下，亚硝酸盐氮 0.01 毫克/升以下，溶解氧 5.0 毫克/升以上。

2. 无节幼体的培育

幼体划动有力，趋光性强，体表干净，附肢刚毛整齐无畸形，不携带病原。培育密度 10 万～20 万尾/米^3。幼体入池前，在池水中加乙二胺四乙酸二钠（EDTA - 2Na）。水温 28～30 ℃，微弱充气。幼体入池时，应先消毒，然后移入池中。无节幼体不摄食，不需投饵。微弱充气，水温 28～30 ℃，光照强度 500 勒克斯以下。

3. 溞状幼体、糠虾幼体、仔虾的培育

水温控制在 28～32 ℃，从溞状幼体开始逐渐升温，充气量由微弱充气逐渐增大至强沸腾状，光照强度 200～2 000 勒克斯。投饵量应根据幼体的摄食、活动、生长发育、数量，以及水中饵料、水质等情况加以调整。投喂骨条藻、角毛藻等单胞藻，卤虫无节幼体以及专用配合饲料，每天 3～6 次。通过适量投饵、换水保持适量藻类，使用有益微生物制剂等使水质保持良好。对不同时期幼体进行观测，健康的幼体活力好、趋光性强，胃肠充满食物，体表不黏附脏物，附肢完整不畸形，体色无白浊、不变红，色素清晰，肌肉饱满。

4. 病害预防

根据需要，采用细菌过滤器过滤、紫外线照射、臭氧消毒、含氯消毒剂处理等方法将沙滤海水作进一步净化处理。采用福尔马林、高锰酸钾、含氯消毒剂溶液等洗刷、浸泡育苗池及育苗器具。育苗过程中采用有益微生物制剂等预防病害，保持水环境良好。

5. 出池虾苗质量要求

虾苗体长达 0.7～1.0 厘米，健康状况良好，经检疫合格方可出池。塑料袋充氧密封运输，内装 1/3 新鲜育苗池水，2/3 充氧，每 10 升水装 1.0 厘米的虾苗 2 万～3 万尾，如苗种规格较大，适当降低装运数量。塑料袋运输水温以 20～23 ℃为宜，时间不超过 10 小时。

三、健康养殖技术

（一）健康养殖（生态养殖）模式和配套技术

1. 养殖环境

养殖场址宜选在通水、通电、交通便利、无污染、水源充足、进排水方便的沿海地区、咸淡水地区或淡水地区。产地环境符合《农产品质量安全　无公害水产品产地》(GB/T 18407.4)的要求，水源应符合《渔业水质标准》(GB 11607)的规定，咸淡水和淡水水质应符合《无公害食品　淡水养殖用水水质》(NY 5051)的规定，海水水质应符合《无公害食品　海水养殖用水水质》(NY 5052)的规定。

2. 养殖设施

虾池的面积为0.5～2.0亩，正方形、长方形或圆形，深度2.0～2.5米，养殖期间可保持水深1.8米以上，池底平坦，略向排水方向倾斜，保证池水能自流排干；有独立的进、排水系统，进、出水口分别设于池塘两条短边；使用叶轮式或水车式增氧机，按1～1.5千瓦/亩配备。养殖场应配备废水处理池，地势应低于虾池，池深1～1.5米，容水量为养殖池总水量的1/10左右。

3. 放养前准备

放苗前，对虾池进行整理、清污、消毒、除害，消除池底污物和对虾的敌害生物、致病生物及携带病原的中间宿主。药物清池3～5天后开始进水和培养饵料生物，进水用60～80目筛绢网过滤，根据过滤网的承受力决定闸门的开启高度，以免冲破闸网使敌害生物进入。水位30～40厘米时，施生物制剂培养饵料生物。肥水期间每天中午开动增氧机1～2小时。繁殖饵料生物在水温20℃以下需10～15天，在水温20℃以上需7～10天，肥水后逐渐提高水位。

4. 苗种选择

选择体长达0.8～1.2厘米，胃肠饱满，体色透明，体形肥壮，大小整齐，无畸形，活力强，弹跳力大，经检测无白斑综合征、桃拉综合征等疾病病原的虾苗。

5. 虾苗放养

放苗前必须先了解天气情况，避开大风暴雨天气。养成池水深1.5米以上，水质肥嫩，以绿藻、硅藻为主；水色为黄绿色或黄褐色；透明度在40厘米左右；水温18℃以上；pH 7.8～8.6。注意育苗池与养成池的温度和盐度变化，24小时温差控制在3℃、盐度差控制在3以内。放苗点应在池水的上风处，为使虾苗尽快适应养成池的水质环境，把装有虾苗的袋子先浮在水面上，使袋内外的温度趋于平衡，再打开袋子，向袋内缓慢加入池水直至向外溢出，让虾苗逐渐进入水中，以提高苗的成活率。放苗量控制在8万～18万尾/亩，具体根据养殖条件及管理水平而定。

6. 养殖管理

(1) 饲料投喂　饲料主要使用人工配合饲料，其营养成分及加工工艺过程必须符合国家所颁布的对虾配合饲料的标准要求，配合饲料质量应符合《无公害食品　渔业配合饲料安全限量》(NY 5072)的规定。在养殖高温期或发病期，饲料投放前添加能提高虾免疫功能的生物制剂，以增强其抗病力。日投饲量依据其生长状况、规格以及底质、水质和天气而定。养殖前期，日投饲量为虾体重 5%～6%；养殖中期（虾体长 3～8 厘米），日投饲量为虾体重的 3%～4%；养殖期（虾体长 8 厘米以上），日投饲量为虾体重的 2%～3%。投喂方法为沿池边均匀泼洒投喂，遵循“少量多次、日少夜多、均匀投洒”的原则。投喂次数应根据池塘环境、虾生理状况及虾摄食情况等灵活调整。放苗翌日即开始投饲，每万尾虾苗日投饲量为 0.06 千克，以后每天递增 10%左右。日投喂次数原则上是前期少后期多。养殖前期日投喂两次，分别为8:00和 18:00；中期日投喂三次，投喂时间为 8:00、18:00、23:00；后期日投喂四次，投喂时间为 8:00、18:00、23:00、24:00，夜间投喂量占日投喂量的 60%。虾苗体长 6 厘米以下、体长 6～10 厘米、体长 10 厘米以上，每次投饲量应分别使虾苗在 2 小时、1.5 小时、1 小时左右摄食完。放养第一个月内，饲料全池均匀投撒，养殖中、后期投饲应沿虾池四周均匀投喂。放养 15 天后，在池塘四边设置观察网，定时检查对虾摄食情况以调整下一餐及翌日同一餐次的投喂量。

（2）水质管理　凡纳滨对虾理想的水色是由绿藻或硅藻所形成的黄绿色或黄褐色。在养殖过程施用微生态制剂，到养殖中后期适量换水（也可不换水）及施用一定量的生石灰以控制水色和 pH。透明度是虾池水中理化因子的综合反映，与水中浮游生物种类的密度有关。虾池透明度指标：前期 30～40 厘米、中期 30 厘米左右、后期 20 厘米左右。若透明度小于 20 厘米，应换水、泼洒生石灰；若透明度过大，追施微生态制剂。养殖前期视水质状况间歇性开增氧机，养殖中期随残饵的增多、池中生物尸体的腐烂逐渐延长开机时间；养殖后期必要时 24 小时开机，以保证池水溶解氧在 5 毫克/升以上，池水底层溶解氧在 3 毫克/升以上。养虾前期以添加水为主，中后期适量换水。换水量要因地制宜，虾苗体长 5 厘米之前一般以添加水为主；体长 6～8 厘米每隔 6～7 天换水 5～10 厘米；体长 10 厘米以上每隔3～4 天换水 10～15 厘米。

（3）日常管理　检查饲料台的摄食状况，及时调整当日投喂量，并做好记录；检查与清除虾池周围的敌害和异物；观察虾的活动情况，发现异常的虾或病、死虾，要及时捞出深埋，并查清原因，采取相应措施；定期检测各池水温、盐度、pH、溶解氧、氨氮等水质指标，并做好记录；检查堤坝是否牢固安全，防止塌塘、逃虾；注意用电安全，尤其要经常检查用电设备及线路；观察有无缺氧浮头现象，发现情况及时开增氧机。

7. 养殖排放水处理

养殖水排放前必须先经过水质净化处理，以免污染周围环境。处理主要采用物理和生物制剂法：物理法主要是沉淀和气浮；生物制剂法是使用微生态制剂降解水中有机质和悬浮物，使养殖排放水得到一定程度的净化。

8. 收获

收获时间依据气候、规格、市场价格、水体状况以及虾的健康状况而定。收获前停止换水48小时，待软壳虾少于10%时起捕。大批量上市干塘时采用拖网收获法，收获量小时采用虾笼网收获。

（二）主要病害防治方法

1. 对虾白斑综合征（WSSV）

白斑病毒感染导致的病害，发病初期对虾出现厌食、摄食减少，活力下降；发病中期虾体皮下、甲壳内侧及附肢出现白色斑点，部分虾体出现空胃，中肠腺内膜组织局部坏死；发病后期，对虾停止摄食，肝胰腺呈棕黄色，病害呈暴发性，死亡率高，因此又叫暴发性白斑病。

防治方法：加强对苗种的健康检测；经常在饵料中添加微生物制剂和能增强虾体免疫能力的微量元素等；在疾病流行季节，每半月泼洒1次生石灰，用量10～15克/米^3，或每周全池泼洒1次溴氯海因复合剂，用量0.3克/米^3，定期消毒和调节水质；在整个养殖周期里，经常采用生物制剂改善和稳定水质。

2. 桃拉综合征（TSV）

桃拉病毒感染导致的病害，该病呈急性病程（2～5天）。发病虾不摄食，体色素扩散；部分虾体肌肉呈暗红色，尾部和足发红，积累死亡率5%～100%。TSV流行后残存的虾在外观上无任何症状。

防治方法：加强对苗种的健康检测，在疾病流行季节，每半月泼洒1次生石灰，用量10～15克/米^3，或每5～7天全池泼洒二溴海因复合剂防病，用量0.2克/米^3。发病时全池泼洒季铵盐络合碘，用量1克/米^3；经常在饵料中添加有益微生物制剂和能增强虾体免疫能力的微量元素等；在整个养殖周期里，经常采用微生态制剂调节水质。

3. 对虾烂鳃病

由弧菌及一些杆菌污染引起的细菌性疾病，对虾烂鳃呈灰色、肿胀，严重时鳃尖端溃烂、脱落，有的鳃丝在溃烂边缘呈褐色，有的在溃烂组织与不溃烂组织的交接处形成黑褐色分界线。病重的虾浮于水面、游动缓慢、反应迟钝，特别是在池中溶解氧不足时，病虾逐步死亡。

防治方法：彻底清塘，合理控制放养密度，改善水质，防止投饵过量，造成残饵分解，水质败坏；夏季高温季节，池底呈酸性时，可适当泼洒生石灰，每亩用量5～8千克。养殖期间定期投放微生态制剂等调节水质；在发病季节，定期泼洒生石灰或二溴海因等消毒剂。

4. 对虾红腿病

细菌性疾病，该病在全国养虾地区都有流行，常呈急性型，发病率和死亡率都很高，达 90%以上。该病多发生在 7 月上旬以后高温季节。该病的流行与池底不清淤、不消毒，池水交换不良，放养密度过大等有关。病虾在池边水面缓慢游动，活力减弱或沉底不动，有时作旋转游动或垂直游动，反应迟钝，食欲减退或停止；个体消瘦，甲壳与肌肉间空隙大，头胸甲心区上方由青色透明变为白色再变为淡橘红色，形状为三角形；突出症状是附肢变红，游泳足最先变红，以后步足及尾肢也呈鲜红色。

防治方法：防止投饵过量，造成残饵分解、败坏水质，保持良好的水质；养成期定期使用微生物制剂，确保水质良好。

5. 丝状藻类附着病

该病是由藻类附着于虾体引起的，常见有绿藻类、刚毛藻以及褐藻类等。病虾体上成丛附生上述丝状藻类，呈绿色或褐色，飘飘摇摇；严重者在全身体表（包括眼球部）长满藻类。病虾游动缓慢，摄食困难，生长停止。各地对虾都可发生，主要发生在池水中浮游生物太少，透明度太大的虾池。丝状藻类在虾池的浅水处可大量繁殖，成丛地生长，妨碍虾的行动，甚至引起缺氧浮头或死虾。

防治方法：生石灰全池泼洒，促使对虾蜕壳；水较清时应及时施肥或施用微生态制剂，有效调控池塘水透明度小于 45 厘米。

四、育种和种苗供应单位

（一）育种单位

1. 广东海洋大学

地址和邮编：广东省湛江市霞山区解放东路 40 号，524013

联系人：刘建勇

电话：13828202109

2. 湛江市德海实业有限公司

地址和邮编：湛江市东海岛东简镇东南大道南坑路 1 号，524072

联系人：沈磊

3. 湛江市国兴水产科技有限公司

地址和邮编：广东省湛江市霞山区人民大道南 18 号，524001

联系人：文思朗

电话：13828202145

（二）种苗供应单位

1. 广东海洋大学

地址和邮编：广东省湛江市霞山区解放东路 40 号，524013

联系人：刘建勇

电话：13828202109

2. 湛江市国兴水产科技有限公司

地址和邮编：广东省湛江市霞山区人民大道南 18 号，524001

联系人：文思朗

电话：13828202145

（三）编写人员名单

刘建勇，叶富良，吴仁伟，叶宁，温崇庆，彭树锋，文思朗，刘加慧，胡志国。

中国对虾“黄海5号”

一、品种概况

（一）培育背景

中国对虾（*Fenneropenaeus chinensis*）又称中国明对虾、东方对虾，隶属于甲壳纲、十足目、对虾科、明对虾属，是一种冷水性虾类，是我国近海地方性特有种，主要分布于黄海、渤海海区，在浙江沿海、长江口以及珠江口也有少量分布，在朝鲜半岛西海岸和南海岸也有批量生产；养殖区主要在我国北方的黄海、渤海沿岸，主要包括山东、河北、辽宁、天津及江苏近海，适宜养殖面积占全国对虾养殖面积的 60%以上。中国对虾生长的适温范围是 18～30 ℃，以 25 ℃为最适温度。

中国对虾是我国最具代表性的土著水产养殖种类之一，早在 20 世纪 50 年代我国工作人员就开始对中国对虾的繁殖和发育进行研究，并开展大规模以实用生产技术为目的的育苗和养殖技术工作。在 70 年代末突破了人工育苗技术，解决了人工养殖对虾的苗种问题，到 80 年代养殖面积不断扩大，1988—1993 年，对虾养殖产量连年居世界首位，养殖年产量最高达到 20 余万吨，占同时期世界对虾养殖总产量的 1/3，为我国海水养殖业带来了丰厚的收益。然而 1993 年暴发了以 WSSV 为主要病原的对虾流行病，使对虾养殖业遭到了巨大的经济损失，至 1994 年全国养殖对虾产量跌至 6 万吨左右，所造成的经济损失高达上百亿人民币。病害与种质退化等问题依然限制着我国中国对虾养殖业的发展。如何进一步提高中国对虾对 WSSV 的抗性及生长速度，仍是水产遗传育种学家们面临的巨大挑战。鉴于中国对虾在我国海水养殖业中的关键地位，持续培育出中国对虾优良品种，不断综合提升中国对虾的抗病性、生长速度和养殖存活率，生产出具备大规格、高健康等特性的中国对虾，依然是水产遗传育种工作者面临的艰巨任务，也是我国对虾养殖业再次走向辉煌的重要途径。

（二）育种过程

1. 亲本来源

自 2009 年开始，以中国对虾“黄海 2 号”育种核心群体为基础，同时收集山东海阳市附近海域、日照附近海域和朝鲜半岛西海岸捕获的中国对虾野生群体，经WSSV抗性、生长速度、养殖存活率等性状测试和配合力测试，挑选性状表现优良、体表无伤痕、无畸形，经PCR抽检WSSV等呈阴性的健康亲本组建育种基础群体。

2. 选育方法和技术路线

选育方法和技术路线见图1。

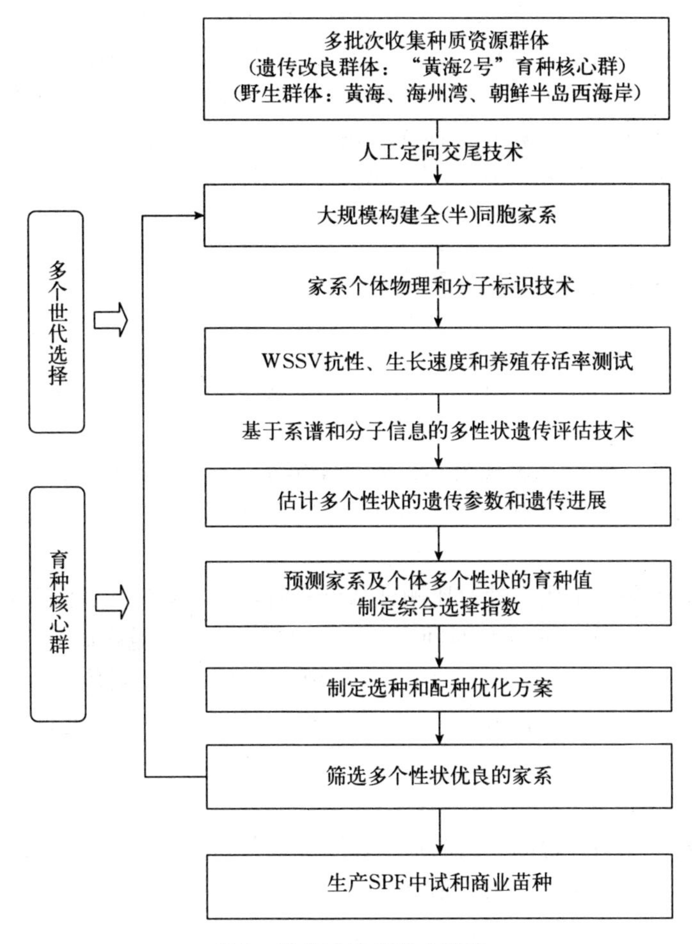

图1　选育方法和技术路线

3. 培育过程

自2009年开始，利用人工定向交尾技术，每年大规模、标准化构建全(半)同胞家系；以WSSV抗性、生长速度和养殖存活率等作为育种目标性状，利用VIE荧光染料标记家系个体，在混养条件下，开展WSSV感染、生长速度和养殖存活率性状测试试验，记录家系个体的抗WSSV存活时间、收获体重和养殖存活率等信息；性状测试结束后，建立遗传评估模型，利用BLUP方法评估家系和个体的性能差异；制定多性状选择指数选留优秀的家系和个体，参考亲缘关系制定配种方案，生产下一世代家系。连续选择5个世代后，中试种苗选取了综合选择指数排名前8位的家系，用于生产商业种虾和苗种繁育。

至2016年12月，已经连续完成了8个世代选育，每年度构建家系数量在65～132个（达到仔虾阶段为准），累计构建家系数量为867个。每个家系达到标记和混养测试规格前（1.5～2克/尾），经过3次数量标准化，以保持各家系养殖环境一致。达到VIE标记规格，每个家系随机选择30～50尾个体，对WSSV抗性、生长速度和养殖存活率进行测试。在选择指数公式中，2009年三个性状的权重赋值分别为30%、60%和10%；从2010年开始，三个性状的权重赋值调整为50%、30%和20%。

（三）品种特性和中试情况

1. 品种特性

适合在浙江、江苏、山东、河北、天津及辽宁等对虾海水养殖区养殖。优点：①同等条件下，“黄海5号”生长速度快，可养殖出大规格、健康商品虾；②具有明显的抗病性，表现为不发病、染病后死亡慢等特点；③驯化特征明显，“黄海5号”游动慢、不易受惊、养殖存活率高。缺点：不适合高密度养殖。

相同养殖条件下生产性对比测试结果表明，中国对虾“黄海5号”选育苗种比野生群体抗WSSV存活时间提高30.10%，收获体重提高32.05%，养殖存活率提高13.51%。2017年9月16日现场审查，随机测量养殖5个月的中国对虾“黄海5号”选育组和对照组各50尾，选育组平均体重37.4克，对照组平均体重24.1克，提高55.2%。

2. 中试情况

为了充分证明选育的中国对虾“黄海5号”的良种化优势，项目组适时进行了规模化生产“黄海5号”良种中试养殖。2015—2016年连续两年在河北唐山和辽宁丹东开展了中国对虾“黄海5号”生产性中试养殖试验，养殖模式为池塘养殖，从中国对虾“黄海5号”虾苗开始至商品虾规格。经5个月养殖，河北唐山2015年平均亩产75.2千克，平均规格达45.9克/尾，存活率达到65.5%；2016年平均亩产82千克，平均规格达42.6克/尾，存活率达到61.6%。辽宁丹东2015年平均亩产96千克，平均规格达31.2克/尾，存活率达到70.3%；2016年平均亩产72千克，平均规格达47.8克/尾，存活率达到65.3%。从生产性中试结果来看，中国对虾“黄海5号”具有可早放苗、生长速度快、平均规格大、增产效果明显等特点。与一般生产养殖苗种对比，中国对虾"黄海5号"增产23.0%～25.3%，存活率提高13.0%～16.1%，取得了良好的经济效益。

二、人工繁殖技术

（一）亲本选择与培育

1. 亲虾选择

雌雄亲虾分开养殖。按照性腺发育情况，将雌虾分为好、中、差三种，分别饲养，其中，对性腺发育差的雌虾采用摘除眼柄的方法促熟。人工精荚移植3～4天后，挑选性腺发育好的雌虾放入室内的圆桶（200升）中，水量为140升，每个桶中加入0.3克EDTA-2Na，充气，水温为15℃，投喂沙蚕，投喂量为对虾体重的10%。亲虾产卵后将亲虾捞出，每隔2小时搅卵一次。2天后，卵孵化成无节幼体。

2. 亲虾的越冬和催熟

（1）水温控制　中国对虾天然越冬场的水温一般控制在8～9℃。越冬期间水温不宜过高，也不要变化过大。人工控制水温在2月上旬升至12℃，中旬升至14℃，3月上旬达到14～16℃。这样的水温上升幅度使亲虾在2月底或3月上、中旬性腺发育成熟。应注意一次升温幅度不能太大，每天升温不超过1℃。

（2）投饵　在2—3月，以活沙蚕、鲜贝肉为主要饵料。投饵量应随水温变化而增减。低温时少喂，第二年春季随着水温逐步升高而增加投喂量。日常投饵量控制在越冬亲虾总体重的5%～8%，催熟期日投饵量一般在8%～10%，最高可达15%。一天饵料量可分2～3次投喂，根据亲虾夜间摄食多的习性，早晨、下午和晚上可按2∶2∶3的比例投饲。

（3）水质控制　在培育亲虾的过程中，必须注意按时充气和定期换水。换水前先测量水温，将要注入的海水先进行预热，待两者水温接近时再注入水池。亲虾催熟期间应保持水质良好，每日彻底换水一次，并彻底清除池底残饵、粪便及病虾、死虾。为了保持充足的溶解氧，应昼夜连续充气，但充气量不要太大，避免惊扰亲虾。

（4）眼柄的摘除　摘除眼柄催熟卵巢的方法已在世界各地采用。这种方法能在11.5～14℃的低温条件下使中国对虾卵巢成熟并产卵。现广泛应用烫灼法摘除单眼柄（左眼或右眼），即用火焰将中号医用镊子烧热，夹烫亲虾一侧眼柄中部，待眼柄变色即可。

（二）人工繁殖

1. 亲虾促熟

水温由越冬温度 8～9 ℃按照每 3 天 1 ℃的速度升至 14 ℃，光照强度 500～1 000 勒克斯，盐度 25～35。饵料以沙蚕为宜，日投饵率 8%～10%。日换水 30%～50%。

2. 产卵

白天挑选性腺成熟的雌虾移入产卵池，微充气。产卵后，及时将雌虾放回原培育池。

3. 受精卵孵化

（1）*将孵化池清洗消毒后*　注入沙滤消毒海水 100 厘米，温度为 18～20 ℃，充气，并加入 4～10 毫克/升 EDTA－2Na。

（2）*受精卵脱毒*　在聚维酮碘海水（有效碘终浓度为 50 毫克/升）中浸泡 30 秒，进行 WSSV 灭活，切断病毒纵向传播。期间不断晃动或略微充气，然后再用消毒海水冲洗 1 分钟，将卵集中。

（3）*布池*　将脱毒后的受精卵放入受精卵孵化池中进行孵化，布卵密度为 3×10^5～5×10^5 粒/米^3。连续微充气并每 4 小时人工搅动一次。

（三）苗种培育

1. 苗种脱毒

将无节幼体在聚维酮碘海水（有效碘终浓度为 3 毫克/升）溶液中浸泡 10 秒，防止将病毒带入苗种培育系统。

2. 幼体培育密度

无节幼体宜控制在 1.5×10^5～3.5×10^5 尾/米^3。

3. 温度

无节幼体期（N）18～20 ℃；溞状幼体期（Z）：20～22 ℃；糠虾幼体期（M）22～24 ℃；仔虾幼体期（P）24～25 ℃。育苗池水升温力求平稳，温差要小于 1.0 ℃。

4. 饵料投喂

（1）*无节幼体期*　无节幼体Ⅵ期接种单胞藻 5×10^4～8×10^4 个/毫升（牟氏角毛藻），每日施肥至糠虾Ⅱ期：硝酸钠 2 克/米^3，磷酸二氢钾 0.2 克/米^3；施肥次数和数量要根据水色调整。

（2）*溞状幼体期*　溞状幼体Ⅰ～Ⅱ期以单胞藻为主，水中单胞藻浓度为 1.5×10^5～2×10^5 个/毫升，并以蛋黄和鲜酵母为辅；溞状幼体Ⅱ期加投轮虫，每天每尾幼体投喂轮虫 5～10 个；溞状幼体Ⅲ期每天每尾幼体投喂轮虫

10～20个，投喂卤虫幼体3～5个。生物饵料不足时，可投喂适量配合饲料。

饵料经筛绢网滤洗：溞状幼体Ⅰ～Ⅱ期150～200目；溞状幼体Ⅲ期120～150目。

(3) 糠虾幼体期　糠虾幼体Ⅰ～Ⅱ期单胞藻浓度维持在3×10^4～5×10^4个/毫升；糠虾幼体Ⅲ期维持在1×10^4～3×10^4个/毫升。糠虾幼体Ⅰ～Ⅱ期以轮虫、卤虫为主，每尾幼体日投喂轮虫10～15个，卤虫5～15个；鲜酵母和虾片为辅，搓饵网目为100～120目。糠虾幼体Ⅲ期以卤虫为主，每尾幼体日投喂卤虫15～30个；鲜酵母和虾片为辅，饵料袋网目为60～80目。

(4) 仔虾期　仔虾第1～2天，每尾仔虾每天投喂卤虫幼体70～100个，虾片为辅。卤虫幼体供应不足时，可投喂绞碎、洗净的小贝肉或微粒配合饵料，全喂蛤肉的日投喂量为10～15克/万尾，要少投勤喂，尽可能减少残饵。

5. 日常管理

各期幼体充气和换水管理不同，无节幼体期微充气，不换水，日添新水10厘米，加至水位120厘米；溞状幼体期微充气，Ⅰ～Ⅱ期不换水，Ⅲ期开始每天换水10%～20%；糠虾幼体期充气微沸腾状，每天换水20%～30%；仔虾期充气沸腾状，每天换水30%～50%。充气应均匀，无死角。加热管处应设气石或气排，在特殊情况下，停气不能超过20分钟。

6. 病害防治

中国对虾“黄海5号”幼体培育期全程无病毒污染。观察各期幼体摄食、活动和生长情况；投喂优质饵料，饵料卫生标准符合《无公害食品　渔用配合饲料安全质量》(NY 5072) 的规定；育苗期间所有用水及器具应严格消毒；药物的使用应符合《无公害食品　渔用药物使用准则》(NY 5071) 的规定。

三、健康养殖技术

(一) 健康养殖（生态养殖）模式和配套技术

1. 基本原则

中国对虾“黄海5号”良种的养殖技术主要以防病为主，同时兼顾提高经济效益、生态效益和社会效益。

2. 清池

池塘经过清污整池后，使用生石灰75～100千克/亩，均匀撒布于池底及堤坝。进水20～30厘米，2天后排干，再进水20～30厘米冲洗，2天后再排干。

3. 纳水及繁殖基础饵料

3月中旬起开始养殖池陆续进水，水位80～100厘米，进水网为80目。

水质应符合《无公害食品　海水养殖用水水质》(NY 5052)的规定。

4. 苗种放养

每年4月中旬后，当池水温度稳定在14℃以上，虾池的饵料生物量达到100克/米^{2}以上时即可放苗，每亩放苗不超过3 000尾。

5. 水质的调节

可通过调整食物链各组成部分、添加微生物制剂和环保类的化合物，如漂白粉、生石灰等，调整池塘的溶解氧、pH、微生物等。养殖过程中控制换水，主要以添加新水为主，并调节盐度。对虾养殖水质指标控制标准详见表1。

表1　对虾养殖水质指标控制标准

项目	适宜范围	测量方法	测量时间
水温	25～30℃	表面水温表	2次/天：5:00—6:00；14:00—15:00
盐度	10～35	盐度计、比重计	每5天1次或根据需要
溶解氧	5毫克/升以上	测氧仪、化学滴定法	2次/天：5:00—6:00；14:00—15:00
透明度	40～60厘米	透明度盘	1次/天
硫化氢	0.01毫克/升以下	比色法	每5天1次
氨氮	0.6毫克/升以下	分光光度计、比色法	每5天1次
pH	7.8～9.0	酸度计	1次/天
化学耗氧量	6毫克/升以下	化学滴定法	每5天1次
水色	黄绿、黄褐	目测、显微镜观察单细胞藻种类	1次/天
异养菌数量	10^4个/毫升以下	培养计数	每5天1次或根据需要

6. 饵料投喂

在培养好基础饵料的养殖池放苗5～10天后开始投喂。养殖全程可投喂配合饲料，前期投喂量为体重的8%～10%，中期投喂量为体重的6%～8%，后期投喂量为体重的4%～6%。有条件的，养殖前期以卤虫成体为主，养殖中后期以鲜活篮蛤为主：前期投喂量为体重的8%～10%，中期投喂量为体重的10%～15%，后期投喂量为体重的6%～8%。养殖阶段每日投喂3～4次，每次投喂量为日投喂量的30%、30%、40%（投喂3次），或20%、30%、20%、30%（投喂4次）。严格监测对虾摄食情况，并及时调整。

（二）主要病害防治方法

1. 白斑综合征

病原为WSSV。发病虾不摄食，空胃；游泳无力，反应迟钝；甲壳内表

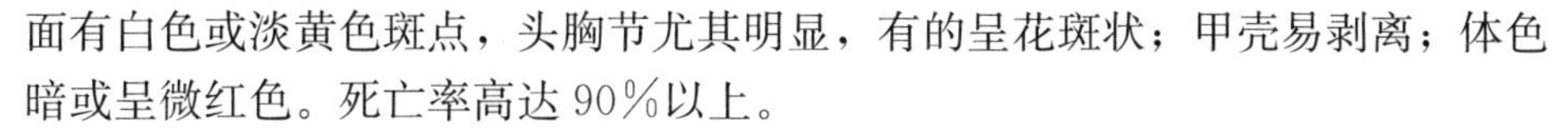

面有白色或淡黄色斑点，头胸节尤其明显，有的呈花斑状；甲壳易剥离；体色暗或呈微红色。死亡率高达90%以上。

2. 肝胰腺细小病毒病

病原为细小样病毒（HPV）。发病虾幼体期死亡率高，养成期体表经常附有大量固着类纤毛虫；有的甲壳变软、色暗，因此也有人称软壳虾；食欲减退，生长缓慢，虾体瘦弱。

对虾病毒病目前尚无有效的防治药物，主要是实施健康养殖管理，切断病原传播途径和进行综合预防：①彻底清污消毒，清污后每亩用生石灰120～150千克或漂白粉25千克（含有效氯30%）等消毒剂消毒；②使用无特定病毒感染的健康虾苗，并控制放养密度；③使用无污染和不带病毒水源，应用有限水交换系统；④使用优质饵料，如发现池虾带病毒但尚未发病，应采取增氧措施，保证溶解氧不低于5毫克/升，在饲料中添加0.1%～0.2%稳定性好的维生素C或可增强对虾免疫的药物；⑤保持虾池环境因素稳定，出现病症时，勿换水，应用有益细菌调整池内藻相，减少对虾惊扰；⑥使用消毒剂或对细菌有抑制作用的中草药饵料，控制水体或虾体内病原菌数量，预防并发疾病；⑦经常用PCR、核酸探针等技术对对虾进行病毒检测。

3. 丝状细菌病

病原为毛霉亮发菌或硫丝菌等。池水肥、有机质含量高，是诱发丝状细菌大量繁殖的重要原因。患病对虾鳃部的外观多呈黑色或棕褐色，头胸部附肢和游泳足色泽暗淡并似有旧棉絮状附着物，这是黏附于丝状细菌之间的食物残渣、水中污物或单胞藻、原生动物等。镜检可见鳃或附肢上有成丛的丝状细菌附着。

防治方法：养成中、后期勿过量投饵，保持池水清新；发现对虾鳃和附肢上有大量丝状细菌时，用浓度为10毫克/升的茶籽饼或茶皂素1～2毫克/升全池泼洒，以促进对虾蜕壳，在蜕壳后适量换水；或用浓度为2.5～5毫克/升的高锰酸钾全池泼洒，4小时后换水。

4. 固着类纤毛虫病

病原为固着类纤毛虫，常见的有聚缩虫、单缩虫、钟虫、累枝虫和鞘居虫等。病虾鳃区黑色，附肢、眼及体表全身各处呈灰黑色的绒毛状。取鳃丝或从体表取附着物做浸片，在显微镜下观察，可见纤毛虫类附着。虾浮游于水面，离群独游，反应迟钝，食欲下降，以至停止吃食，不能蜕壳；午夜后至天亮前夕，当池水溶解氧低于3毫克/升时，常因呼吸困难而死。

在对虾养成中、后期，由于池水含有大量有机碎屑，有的虾池因换水困难或因虾体感染了细菌、病毒等原发性病原生物，而促使纤毛虫大量繁殖并附着于虾体。

防治方法：①养殖中、后期，合理投饵，降低虾池内有机质含量；②采取增氧措施，保持池水溶解氧不低于 5 毫克/升；③检查诊断虾体是否有细菌或病毒感染，如有，应对症治疗；④茶籽饼全池泼洒，浓度为 10～15 毫克/升，或使用茶皂素，浓度为 1～2 毫克/升，促使对虾蜕壳，蜕壳后换水。

5. 红腿病（红肢病、败血病）

病原为副溶血弧菌、鳗弧菌等弧菌、气单胞菌属及假单胞菌属中的一些种类。病虾附肢变红，特别是游泳足变红，头胸甲鳃区呈黄色；病虾一般在浅水处或池边缓慢独游，厌食；血淋巴混浊，凝固慢（1 分钟以上）或不凝固；镜检血淋巴、血细胞减少，高倍镜下可看到许多运动活泼的短杆状细菌。

防治方法：①夏秋高温季节提高水位，保持良好水质；②使用优质饵料，禁止投喂腐败变质饵料；③定期（一般 10 天左右）泼洒消毒剂；④发病虾池全池泼洒消毒剂，如使用 1 毫克/升的漂白粉等；⑤对症使用抗革兰氏阴性菌、弧菌的药物饲料，如使用鲜大蒜，按 1%添加，药物与饵料均匀混合制成药饵，连续投喂 5～7 天为一个疗程。

6. 烂眼病

病原为非 01 群霍乱弧菌。病虾行动呆滞，常匍匐于池边水草上，时而上浮水面旋转、翻滚；眼球肿胀，由黑变褐，逐渐溃烂，直到一侧或双侧眼球烂掉脱落，仅留眼柄；随着病情发展，肌肉变白，血淋巴也可发现细菌，一般在 1 周内可引起死亡。

防治方法：同红腿病。

7. 烂鳃病

病原为弧菌或其他运动性细菌（如气单胞杆菌）。病虾鳃丝呈灰色或黑色，肿胀、变脆，从边梢向基部坏死、溃烂；有的发生皱缩或脱落；镜检溃烂组织有大量细菌，重者血淋巴内也有活动的细菌。

防治方法：同红腿病。

8. 白黑斑病

该病为营养性疾病，是长期使用质量较差的饲料及缺乏维生素的饲料引发的对虾生理失调。发病初期有些病虾头胸甲的触角区、心鳃脊及心区有白斑，但主要症状是腹部每一节甲壳下缘两侧都具有 1 个白斑，以后可发展为黑斑，也有白、黑斑共存的个体。一般在 7 月中下旬开始，患病虾往往死于较深水中，在排水口挡网上也往往看到死虾。

防治方法：改善养虾池底质，使用优质饲料，在饲料中添加维生素 C。通常在饲料中添加 0.3%～0.4%稳定性好的磷酸酯化维生素 C。

四、育种和种苗供应单位

（一）育种单位

中国水产科学研究院黄海水产研究所
地址：山东省青岛市市南区南京路106号
联系人：孔杰
电话：0532－85821650

（二）种苗供应单位

1. 中国水产科学研究院黄海水产研究所
地址：山东省青岛市市南区南京路106号
联系人：孔杰
电话：0532－85821650
2. 唐山市曹妃甸区会达水产养殖有限公司
地址：河北省滦南县柳赞镇
联系人：刘学会
电话：13932550111

（三）编写人员名单

孔杰，孟宪红，罗坤，栾生，王清印，隋娟，陈宝龙，曹宝祥，卢霞，李旭鹏，王伟继。

青虾“太湖2号”

一、品种概况

（一）培育背景

青虾，俗称河虾，学名*Macrobrachium nipponense*，自然分布于中国、日本等东亚地区国家。青虾肉质细嫩、味道鲜美，深受消费者喜爱，已形成大规模的养殖，在农业增效、农民增收方面发挥了重要作用，是我国重要的淡水养殖虾类。

青虾养殖业开始于20世纪60年代中期的太湖地区。70年代末80年代初，青虾养殖达到了一定的规模，但大多采取低成本的套养方式进行，产量较低。80年代末，青虾养殖逐渐步入发展盛期。90年代是青虾养殖业高速发展的10年，养殖技术和单位面积产量均得到了大幅度的提高，养殖规模也不断扩大，1998年全国青虾养殖产量达到了10.2万吨。1999年青虾养殖出现了大规模的病害，养殖产量急剧下滑，2000年全国养殖产量降至3.8万吨，产业面临严峻挑战。究其原因，主要是养殖过程中忽视了种质更新。养殖户每年将剩余的小虾作为第二年的亲本，逆向选择，多代近亲繁殖，导致青虾品种出现严重的退化，主要表现为性早熟、个体变小、上市率下降、病害增多等，不断积累的品种退化最终导致了问题的集中产生。

2001年开始，中国水产科学研究院淡水渔业研究中心傅洪拓研究员带领的青虾育种团队，在江苏省科技攻关、江苏省水产三项工程、国家支撑计划、科技部农业科技成果转化资金、农业部农业科技跨越计划等项目的支持下，开展了青虾育种研究，在国际上首次突破了沼虾杂交育种技术，培育了国内外首个淡水虾蟹类新品种——杂交青虾“太湖1号”，该新品种2009年通过了全国水产原种和良种审定委员会的审定（品种登记号：GS-02-002-2008）。杂交青虾“太湖1号”经济性状优良，增产增效显著，在同等条件下，其生长速度比普通青虾提高30%以上，产量平均提高25%，同时具有抗病抗逆能力强等优点。杂交青虾“太湖1号”自问世以来，受到广大养殖户的欢迎，已在江苏、浙江、上海、安徽、湖北、天津等多个省（直辖市）进行了大规模的示范推广，产生了显著的经济、社会和生态效益。为此，杂交青虾“太湖1号”的相关成果先后获得中华农业科技奖一等奖、全国农牧渔业丰收奖一等奖、江苏省科技进步奖一等奖等10多项科技成果奖励。

杂交青虾“太湖1号”属杂交种，每代都需要配种杂交，然后才能繁殖杂交虾苗；而配种前还必须挑选雌雄亲虾，即从母本群体挑选出雌虾，从父本群体挑选出雄虾。由于青虾具有个体小、抱卵量少、离水极易死亡、配种前区分雌雄耗时长等特性，雌雄挑选存在挑选数量巨大、效率低、损伤严重、误选率较高等问题，严重制约了良种的繁育规模，也影响了苗种的质量。项目组在开发高效低损伤快速脱卵技术和雌雄虾差异捕捞技术的基础上，建立了雌雄批量分拣技术，大幅度提高了挑选的效率和准确度，实现了杂交青虾“太湖1号”的规模化示范推广。但因制种工艺较复杂，杂交青虾“太湖1号”的繁育规模仍受到制约，导致其亲本和苗种难以满足生产需求，屡屡供不应求。培育出制种方便、综合性状优良的青虾新品种已成为青虾养殖业的迫切需要。

为此，自2009年起，项目组在国家科技支撑计划、江苏省高技术研究、江苏省科技支撑计划、江苏省水产三新工程、科技部农业科技成果转化资金等项目的支持下，以杂交青虾“太湖1号”为基础群体，开展连续多代的群体选育，获得了遗传稳定、综合性状优良的青虾新品种——青虾“太湖2号”。

（二）育种过程

青虾“太湖2号”的亲本来源于中国水产科学研究院淡水渔业研究中心大浦科学试验基地的杂交青虾“太湖1号”养殖群体。

以杂交青虾“太湖1号”为基础群体，以生长速度（体重）为主要目标性状，采用群体选育方法，进行连续多代选育。选育技术路线见图1。

从2009年开始，每年选育一代，2009—2014年连续选育六代；2014—2015年，开展了连续两年的生产性对比试验；2015—2016年开展了新品种中试养殖；2017年申报农业部新品种审定。

（三）品种特性和中试情况

1. 外部形态特征

外部形态特征见图2和图3。

2. 生产性能

（1）在相同养殖条件下，青虾“太湖2号”比杂交青虾“太湖1号”上市虾平均规格（体重）提高17.15%，生长速度（体重）平均提高17.73%，上市虾亩产量平均提高20.20%。

（2）抗逆能力强，病害少，对缺氧、蓝藻、水体急剧变化等异常环境的耐受能力得到提高。

（3）遗传稳定，制种方便，不需要每代进行杂交配种。

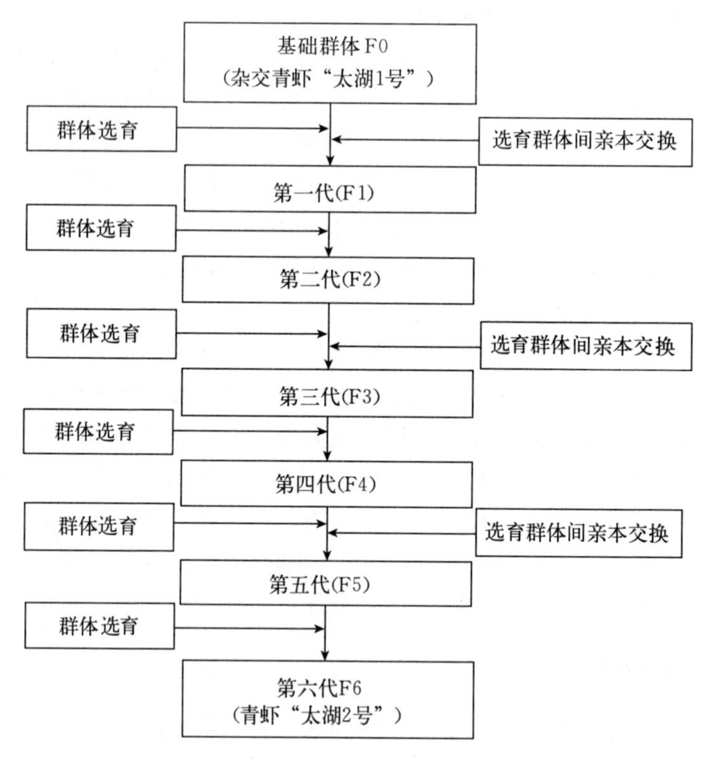

图 1　技术路线

图 2　青虾“太湖 2 号”（雄）

图 3　青虾“太湖 2 号”（雌）

3. 中试养殖情况

2015—2016 年，在南京、常州、镇江、苏州等地进行了青虾“太湖 2 号”池塘养殖中试和示范养殖，累计养殖面积 4 216 亩，养殖模式为秋季主养。

中试和示范养殖结果表明，青虾“太湖 2 号”个体规格大、上市虾产量高。在同等条件下，秋季主养上市虾平均规格（体重）比杂交青虾“太湖 1 号”提高

15%～20%，上市虾亩产量比杂交青虾“太湖1号”提高15%～21%；青虾“太湖2号”经济性状优良，增产增效显著，塘口价平均比当地青虾高10～16元/千克，亩效益5 000～8 000元，得到广大养殖户的认可。此外，青虾“太湖2号”还具有抗逆能力强、体形粗壮等优点，养殖过程中未见病害发生。

二、人工繁殖技术

（一）亲本选择与培育

1. 亲本来源

青虾“太湖2号”亲本必须来源于中国水产科学研究院淡水渔业研究中心或该单位认可的种苗场，并需要定期更新。

亲本引进时间：12月至第二年3月中旬。

2. 培育池选择与放养前的准备

亲本培育池选择形状比较规则，避风向阳，面积一般在2.5～5亩为宜，水深1.0～1.3米，要求水源要充足，水质良好，排灌方便，池底淤泥少，无污染。亲本放养前按常规方法进行培育池的清整、消毒和晒塘等准备工作。

放养前3～5天，加注新水1米左右，进水口用60目以上的尼龙筛绢过滤。

亲本专池培育最好在池中保持一定量的水草或架设一定量用茶树、柳树等多枝杈树木扎成的人工虾巢。

3. 亲本运输和放养

（1）亲本运输　推荐采用活水车网隔增氧运输法：水箱可用铁板或玻璃钢制作，最好加保温层，并加盖；网隔铁框架（100厘米×50厘米×15厘米）用网目为0.4～0.6厘米的密网封起来，上面有网盖扣住；放入虾后，一个一个网隔垒叠浸没于水箱中，箱中水面应高于最上一层网隔5～10厘米；水箱底部有充气增氧设备，用氧气瓶增氧或用气泵增氧，气泡和水流从底层网隔中间向上流动，使各层网隔中有足够的溶解氧。装虾量据运输时间而定，一般每网隔不超过8千克，途中运输时间最好不超过6小时。

（2）亲本放养

① 专池培育，每亩放养亲本25～40千克。

② 直接放入虾苗培育池，每亩放养5～7千克。

（3）注意事项　选择晴暖天气进行放养，要特别避开冰冻和大风天气。放养时，运输水温与池塘水温温差一般不宜超过5℃。

4. 亲本越冬管理

亲本越冬期间水深保持1.0～1.5米。池水必须有一定的肥度，透明度控制在 20～40 厘米。重视投饵，当水温升到 8 ℃以上时对虾开始吃食。根据水温情况适当投饵，饵料要选在晴天的上午投喂，一般可每 2～3 天投喂一次，投喂量为虾体重的 1%～3%。饵料要少而精，不宜过多。

严冬冰雪天气，须防止池水结冰和雪覆盖，要及时敲碎或钻洞，防止亲本因缺氧窒息而死。

5. 亲本的选择配种与放养

选择配种时间，在长江中下游地区，一般在 4 月下旬至 5 月底配种放养。亲本体长要求 5 厘米以上，成熟度好，体质肥壮，无伤无病，游泳迅速，弹跳力强。雌雄比 4∶1。一般将亲本雌雄选配好后直接放入育苗池中，或将抱卵虾直接放入育苗池孵化育苗。

亲本放养量为每亩放养性腺成熟亲虾 10～13 千克，或放抱卵虾 5～8 千克。

6. 亲本强化培育

亲本放养后第二天开始投喂优质全价配合饲料（粗蛋白含量 36%以上），日投喂量为虾体重的 3%～8%，实际投饲量应根据水温、天气、水质、摄食情况等适当调整；分两次投喂，8:00 和 17:00—18:00，分别投日投喂量的1/3 和 2/3；并可适当加喂优质、无毒、无污染的鲜活饵料（如螺蛳肉、蚌肉、鱼肉等）。

亲本养殖过程中，注意保持池水中溶解氧充足，水质良好，并要定期检查亲本虾的抱卵和孵化情况。当绝大多数母虾抱卵时，每亩 1 米水深用 1.5～2.5 千克漂白粉（有效氯含量为 30%以上）全池遍洒，以杀灭大型水生昆虫和其他有害生物。

当大部分抱卵虾卵子由暗绿色或灰褐色变成透明或灰白色，且胚胎出现黑色眼点时，开始施肥。一般每亩施经充分发酵腐熟的无污染有机肥（如牛粪、猪粪、鸡粪）100～300 千克，新开挖的塘口需另加氮磷复合肥 1～2 千克。施肥时，每亩池可加入 0.25 千克 EM 或芽孢杆菌等微生态制剂。

（二）苗种培育

1. 虾苗培育池塘条件与设施

靠近水源，水量充足，水质清新，水质应符合《渔业水质标准》（GB 11607）和《无公害食品　淡水养殖用水水质》（NY 5051）的规定。

虾苗培育池为长方形，东西向。面积以 1 500～3 500 米^2 为宜。池底平坦。水深 1.0～1.5 米。土质以黏壤土为宜。底质应符合 GB/T 18407.4 的规定，淤泥不超过 15 厘米。池埂坡比 1∶3。进、排水分开，进、排水口有 80 目以上的过滤设施。

育苗池必需配备水泵和增氧设施。增氧设施每1 000米^{2}配备0.7～1.0千瓦。

2. 放亲本前的准备

（1）清塘消毒　加水10厘米左右，最好每亩用生石灰（块灰）80～120千克，用水化开后趁热全池泼洒；也可用含有效氯30%的漂白粉5～8千克；或用含有效氯60%的漂白粉精3～5千克，杀灭池塘中野杂鱼等敌害生物。

（2）晒池底　晒塘要求晒到塘底全面发白、干硬开裂，越干越好。

（3）注水　经曝晒后的池塘，亲虾放养前7天，加注新水60厘米，进水口用80目以上的尼龙筛绢过滤，放虾后至虾苗培育前逐渐加至0.8～1.0米。

（4）施肥　加新水后第二天，就可以开始施肥，到正规的渔药经营门市选购质量好的生物有机肥。每亩肥料中可另加入30～50克光合细菌干粉，以增加肥效；同时也调节水质，避免池塘底部水体因缺少阳光而导致有害物质的增加。

（5）放置人工虾巢　每亩放置15个用茶树枝制成的虾巢，虾巢高60厘米，底部直径80厘米。虾巢可提供亲虾的栖息场所，也方便检查母虾抱卵孵化情况。

3. 虾苗饲养管理

（1）早期饲养　早期虾苗培育主要以肥水和泼洒豆浆为主。

当育苗池出现溞状幼体后，要及时泼洒豆浆，豆浆量根据水的肥度、天气、光照、轮虫数量情况等来进行调节，一般每天每亩1～4千克。当池水肥度大，浮游生物很多或天气不好时，可减少豆浆投喂量；当池水偏瘦，浮游生物较少时，应增加豆浆投喂量，或加鱼粉、蚕蛹粉、豆粕等混合料。投喂方法：每天8:00—9:00和16:00—17:00各投喂1次，每次投喂量为日投喂量的50%。

（2）中后期饲养　一般在幼体孵出后20天左右开始变态时泼洒豆浆，同时搭喂粉状配合饲料。随着变态苗比例的提高，逐渐增加粉状配合饲料的比例，最后可全部投喂粉状配合饲料，日投喂量为虾体重的6%～10%。投喂时间每天8:00—9:00和17:00—18:00各投喂日投喂量的1/3和2/3。

4. 日常管理

在虾苗饲养过程中，每天加强夜间巡塘，注意虾苗活动、水质、溶解氧等情况，严防水质过肥、水质恶化和缺氧浮头。

做好池塘水环境管理工作，经常捞除水面漂浮物，清除蛙卵、蝌蚪、成蛙、杂鱼等敌害生物，铲除池埂杂草，控制池中水草。

5. 育苗水质管理

（1）肥度调节　水质保持“肥、活、嫩、爽”，透明度控制在20～30厘米，若池塘水体透明度增加时，需及时补施肥料，此时以膏状肥料和液态肥料为好，能迅速增加水体的肥度。

（2）充气增氧　溶解氧要求在5毫克/升以上，当溶解氧偏低时开启增氧泵，育苗期间一般增氧时间为21:00至第二天7:00，阴雨天或闷热天要加开。

另外，池塘边最好配备有一定量的增氧剂，以方便在突发情况时使用，避免不必要的损失。

（3）生态制剂使用　在育苗期间，定期（一般7～10天）使用EM、光合细菌、芽孢杆菌等生态制剂，用量参照产品使用说明。使用生态制剂的当天和第二天晚上需提前开增氧机，防止微生物大量繁殖而缺氧。在高温季节，最好选用厌氧类的生物制剂，防止缺氧。

（4）补充钙离子　在虾苗变态后，随着蜕壳频繁和池塘中虾苗重量的增加，须定期泼洒能补充水体钙离子的产品（如虾蟹宝、磷酸二氢钙等），具体用量参照产品使用说明。

（5）底质管理　一般淤泥较深、较肥的老池塘，用小竹竿搅动底泥泛黑水，说明底质较差，需要改良。育苗期间定期使用生物型底质改良剂（如芽孢杆菌等）。

6. 虾苗、种捕捞

经过30～45天培育，幼虾体长1.5厘米以上，可开始进行虾苗捕捞。虾苗捕捞方法很多，最适合的是“赶网”法

（1）“赶网”法捕捞　先在虾苗塘的长埂边中部设置一个网箱（4米×8米×2米），网箱一边沿池塘长方向开口，该边网箱壁倒向池底，网片设有铁链紧贴底部。开口靠外侧一角紧连一赶虾网。赶虾网高2米左右，顶边有浮子，下边安装有铁链作沉子。操作时拉着赶虾网的另一端沿池塘四周扫一圈，将虾苗赶入网箱。这种方法需要的人力较少，对虾苗损伤也较轻。

捕捞时间最好是18:00以后，待池塘水体表面温度下降以后，此时段池塘水体溶解氧含量高。拉网的时候，需要配套增氧设施，防止操作过程中缺氧。另外，捕捞时间需避开虾苗蜕壳高峰的时间，减少不必要的损伤。

（2）其他捕捞方法

① 抄网法。即直接用抄网抄捕虾苗。操作简易，只适合于小批量虾苗捕捞。

② 地笼法。与成虾捕捞相似，只是地笼网目较密。适合2厘米以上的虾苗。捕捞时地笼放置时间据虾苗量、水质条件等而定，不能让虾苗在地笼中待时间过长，以免缺氧死亡。

7. 虾苗、虾种计数

采取重量法计数，随机取苗称得一定重量后过数，通过几次称重计数，取其平均单位重量的尾数，然后按照所需苗数计算出称重数量。

8. 虾苗、虾种运输

推荐使用活水车网隔增氧运输法。网隔所用网目孔径0.15～0.2厘米；每只网隔箱可放虾苗4～5千克。由于虾苗生产期气温较高，应在早、晚气温偏低时装运。长途运输可用空调车或加冰块降温，下车时逐步升温，下塘时温差不超过5℃。运输时应做好衔接工作，做到快装、快运、快下塘。

三、健康养殖技术

（一）池塘主养

青虾池塘主养即以青虾为主要养殖对象的养殖模式，可套养少量鲢、鳙鱼类等用于调控水质。早期的青虾主养每年养殖一季，后逐步发展成每年养殖两季，即春季养殖（3—6月）和秋季养殖（7月至第二年春节前后）。

1. 环境条件

水源充足，水质清新，无污染，排灌方便。应符合《渔业水质标准》（GB 11607）和《无公害食品　淡水养殖用水水质》（NY 5051）规定。

虾池为长方形，东西向。土质为壤土或黏土，池底较平坦，淤泥≤15厘米；池埂内坡比为1∶(3～4)，面积选择3～10亩，池深1.2～1.5米；并有完整的进水和排水系统。进水口要用80目筛绢网过滤。

另需配备增氧设备和水泵等。

2. 放养前准备

（1）*虾塘清整、消毒*　具体参照“苗种培育”部分相应说明。

（2）*晒塘*　晒塘要求晒到塘底全面发白、干硬开裂，越干越好。这对养殖多年的老池塘更为必要。

（3）*水草种植及架设人工虾巢*　养殖期间，水草面积要求占池塘面积的25%～60%。水草品种最好选择沉水植物，如轮叶黑藻等。轮叶黑藻是秋季虾养殖最理想的水草。轮叶黑藻可用移植法种植，以穴播为主，每穴插8～10株，东西向间隔1.5～2.0米，南北向间隔5.0～8.0米。

池塘偏深、水草偏少的虾塘要在水体中下层设置适量人工虾巢，虾巢可用茶树等多枝杈树木扎成。

（4）*注水施肥*　虾苗放养前5～10天，池塘注水50～80厘米，加水时注意要用80目以上筛绢过滤。同时肥水，肥料到正规的渔药经营商处选购质量好的生物有机肥，用量参照使用说明；或每亩用经腐熟发酵后的有机肥100～

300千克，用量根据池塘底质和水的肥度情况适当增减。

3. 虾苗放养

主养青虾“太湖2号”一年可养殖两季。

（1）放养量

① 春季养殖：放养时间为上年的12月至第二年3月，虾苗规格为700～2 000尾/千克，放养量为每亩10～20千克。

② 秋季养殖：放养时间为7月上旬至8月上旬，虾苗规格为1.5～2.5厘米，放养量一般为每亩8万～12万尾。

（2）放养方法　选择晴好天气（夏天应注意避开阳光直射和高温时段）进行虾苗放养，放养前先取池水试养虾苗，在证实池水对虾苗无不利影响后，才可正式放苗；放养时温差一般应小于5℃。应坚持带水操作，虾苗不宜在容器内堆压。

4. 饲养管理

（1）饲料及投喂

① 饲料要求：新鲜、无腐败变质、无污染；以优质全价配合颗粒饲料为佳，配合饲料的粗蛋白36%以上。饲料必须符合《饲料卫生标准》（GB 13078）和《无公害食品　渔用配合饲料安全限量》（NY 5072）的规定。饲料种类要稳定，不能频繁改变饲料。

② 投喂方法：分三个阶段投喂，第一阶段，虾苗规格2.5厘米以内，投喂微颗粒饲料，可喂小破碎料（粉状饲料）；第二阶段，虾苗规格2.5～4.0厘米，可投喂小颗粒幼虾料；第三阶段，虾苗规格4.0厘米以上，投喂成虾料。生长季节，日投1～2次，一次投喂一般在17:00—19:00；两次投喂分别为8:00—9:00和17:00—19:00，上午投喂日投喂量的1/3，下午投喂日投喂量的2/3，全池均匀投喂。

③ 投饲量：实际投饲量据水温、天气、水质、摄食情况等灵活掌握，通常以投饲第二天早上投喂前吃完为度（可在投喂区域检查饵料剩余情况）；一般秋季养殖前期日投饵量控制在全池虾体总重的6%～10%，养殖中后期生长旺季日投饵量控制在全池虾体总重的4%～7%。

（2）水质调控

① 水质要求：在长江和淮河流域，春季养虾因水温不高，养殖过程中一般不易出现严重的水质恶化问题。但要注意肥水，控制好透明度，防止生长青苔。秋季养殖期间，因正遇高温季节，要特别注意水质的控制。养殖前期池水透明度控制在25～30厘米，中、后期透明度控制在30～40厘米。溶解氧保持在5毫克/升以上。

② 肥度调节：养殖全过程，水透明度符合上述要求，视水质肥瘦情况

适时加施追肥或加注新水。养殖前期每7～15天施生物有机肥1次，中后期每15～20天施生物有机肥1次，施肥量视水质状况而定，或按说明书使用。

③ 水质调节：养殖中后期，由于虾的排泄物、残饵的积累，水中有害物质，如氨氮、硫化物等可能大量产生，影响虾类生长，甚至引发疾病。所以每隔10～15天应施EM菌、枯草芽孢杆菌、乳酸菌或硝化细菌等有益微生态制剂来改善水环境，具体用量参照使用说明。

④ 底质调控：适量投饵，减少剩余残饵沉淀；据具体情况适量使用底质改良剂（投放过氧化钙、沸石，或投入EM菌、光合细菌等活菌制剂）。

⑤ 水位调控：春季养虾，5月中旬前保持水深0.5～0.7米，5月中旬至6月底，水深0.8～1.0米；秋季养虾，早期水深0.5～0.7米，中期0.7～1.0米，后期1.0～1.2米。

（3）*水草覆盖率控制*　水草覆盖率前期控制在25%～30%，中期30%～50%，后期控制在50%～60%，但不得超过60%，且要均匀成簇地分布在池塘中，水草过多需要及时割除，过少时可以增加人工虾巢进行补充。

（4）*日常管理*　每天清晨及傍晚各巡塘一次，观察水色变化、虾活动、蜕壳数量、摄食情况；检查塘基有无渗漏，防逃设施是否完好。发现问题及时采取相应措施。每天记录好天气、水温、水质、投饲用药情况、摄食情况等。

一般每亩水面要配置0.5千瓦以上的动力增氧设备；生长期间，根据天气、水温、水色和虾的活动等情况，及时加水或开启增氧设备。尤其在夏秋高温季节，每天后半夜至天亮要注意开机；晴天12:00—14:00开机1次，每次2小时；天气闷热或雷雨天，须随时增开增氧机或加水增氧。

定期检查，一般每10～15天检查人工虾巢上虾的生长、摄食情况，检查有无病害，以此作为调整投饲量和药物使用的依据。

5. 越冬管理

11月中旬加深水位至1～1.2米，整个越冬期间保持不低于该水位。

越冬期间，透明度保持在25～40厘米，如水太清，可以定期使用无机肥全池泼洒（按说明书用量每20天左右使用一次）。

定期使用正规厂家生产的预防纤毛虫的药品杀灭纤毛虫，每2个月使用1次。

6. 捕捞收获

（1）*春季虾捕捞*　春季虾4月底开始采用抄网和地笼起捕上市，6月底干池捕捞。

（2）*秋季虾捕捞*　到9月下旬，可能有一部分虾已达商品规格，可以根据虾的养殖密度和生长情况适时使用网目为1.8厘米的有节网虾笼进行捕捞。捕捞时，最好适当增加笼梢的长度，放置时尽量使笼梢张开；捕捞时避开蜕壳高峰期，减少软壳虾的损失（蜕壳高峰一般间隔 15～20 天）。

当水温低于 10 ℃时，一般采用虾拖网集中捕捞，捕捞后的大小虾在一起，用 0.7 厘米或 0.8 厘米的筛子进行分拣；根据市场对商品虾的要求，分拣后大虾作为商品虾销售，小虾则作为春虾的虾种养殖或销售。

（二）虾蟹混养

虾蟹混养模式就是利用青虾和河蟹对池塘环境要求相近的特点，在以养殖河蟹为主的池塘中套养青虾，更有效地利用空间和饵料，增加产出。该模式具有不增加额外人力、增效显著等特点，已成为一种广泛认可的虾蟹混养模式。

1. 苗种放养

（1）*河蟹放养*　河蟹放种时间为上一年 12 月至当年 3 月。放养量为每亩 600～800 只，放养规格为 100～240 只/千克。适当套养鳙，一般每亩放 5～10 尾。每亩还需投放活螺蛳 250～500 千克。

（2）*青虾放养*　虾苗放养时间为 7 月中下旬至 8 月初。放养规格为 1.5～2.5 厘米，放养量为每亩 2.0 万～4.0 万尾。

2. 养殖管理

（1）*投饲管理*　选择优质虾和河蟹的全价配合饲料，并符合《饲料卫生标准》（GB 13078）和《无公害食品　渔用配合饲料安全限量》（NY 5072）规定。

放养虾苗初期除投喂河蟹饲料外，还要适当投喂青虾幼体饵料。河蟹料和青虾料，投喂时间分开，投喂地点分开。先投河蟹料，后投青虾料。

投饲正常从 3 月开始，1—2 月水温 10 ℃以上的晴好天气也应少量投饲。一般在 4 月前、11 月后每日喂 1 次，时间为 15:00—16:00，日投喂量为池塘中虾蟹总重的 1%～2%。在 5—10 月虾蟹生长旺季，日喂 2 次，一次在 5:00—6:00，另一次在 16:00—18:00，日投喂量为池塘中虾蟹总重的 2%～3%，其中下午的投喂量占日投喂量的 2/3。

9 月当河蟹蜕完最后一次蟹壳后，逐步减少配合饲料的投喂量，同时适当投喂野杂鱼，以改善河蟹的品质和口味。

整个养殖季节，要注意观察青虾的活动或肠胃饱满度，一般河蟹先吃，青虾后吃，青虾肠胃饱满度好，说明饲料充足。

（2）*水质管理*　在 6 月前对水质过瘦的池应适当施肥，一般每 7～10 天每亩施复合肥 5～10 千克或经发酵的有机肥 30～50 千克培肥水质，对水质过浓的池应适当换水。在 6—9 月高温季节适当加水或换水，要求平时水体透明度保持在30～45厘米，高温季节应控制在40厘米左右。

成蟹进入洄游季节，除水草的净化作用外，还要泼洒芽孢杆菌类等微生态制剂，确保水质透明度在30厘米以上。

（3）水草管理　虾蟹池的水草应保持60%～80%的池塘覆盖率。当水草覆盖率超过80%以上时，可采用隔1～3米间隔抽条的办法抽掉40%～50%的水草，当除掉的水草长至水深的一半时，可抽掉另一半的水草。

3. 捕捞

9月下旬开始，用网目为1.8厘米的有节网制作的地笼陆续捕虾上市，捕虾时注意把地笼进虾口收小，只有虾能进笼，不让河蟹进笼。

至河蟹起捕时，虾一起起捕。符合商品规格的大虾上市，小虾可作第二年春虾养殖的虾种。

（三）病害防治

1. 总则

在养殖生产过程中，对病虫害要坚持以防为主，防重于治的原则。要注重改善养殖环境，提倡健康养殖，使用绿色环保药物。

2. 预防措施

（1）选择优质苗种，控制适当的放养密度。

（2）做好清淤、消毒和晒塘工作。

（3）进排水用60目以上的密网过滤，防止敌害生物进入。

（4）调控好水质。合理种植水草，控制适宜的水草覆盖率；定期施用芽孢杆菌、EM菌、光合细菌等有益微生态制剂，尤其在高温季节应多用微生态制剂。

（5）使用符合质量标准的优质全价配合饲料，不用霉烂变质的饲料；控制好合适的投饲量。

（6）生产操作过程中，尽量减少虾体损伤。

四、育种和种苗供应单位

（一）育种单位

1. 中国水产科学研究院淡水渔业研究中心

地址和邮编：江苏省无锡市山水东路9号，214081

联系人：傅洪拓

电　话：0510－85558835

2. 无锡施瑞水产科技有限公司
3. 深圳华大海洋科技有限公司
4. 南京市水产科学研究所
5. 江苏省渔业技术推广中心

（二）种苗供应单位

中国水产科学研究院淡水渔业研究中心
地　址：江苏省无锡市山水东路 9 号
联系人：傅洪拓，蒋速飞
电　话：0510－85558835，0510－87456886

（三）编写人员名单

傅洪拓，蒋速飞，龚永生，熊贻伟，张文宜，乔慧，金舒博，吴滟，徐军民，石琼，周国勤，陈焕根。

虾夷扇贝“明月贝”

一、品种概况

（一）培育背景

虾夷扇贝原产于日本北海道以及俄罗斯远东海域，为全世界扇贝科中最优良的扇贝增养殖种类之一，在其原产地日本被视为最重要的优质增养殖贝类。1980年虾夷扇贝由辽宁省海洋水产研究所引入我国，并根据我国的海域环境条件研发了其人工繁殖及增养殖技术，取得成功后迅速产业化。目前，我国已成为世界扇贝养殖第一大国，北黄海虾夷扇贝增养殖面积已达到70余万公顷，年产量超过20万吨，产值达50亿元，成为我国虾夷扇贝规模化增养殖生产基地，并成为带动当地渔业经济发展的龙头产业。

但近年来，虾夷扇贝种质退化严重，突出表现在育苗成功率降低、养殖个体小型化、低值（质）化、出肉率低，加之近年来夏季高温，严重影响虾夷扇贝产业的发展。良种缺乏、苗种繁育亲本仍大量采用未经遗传改良的野生群体是导致上述现象的主要原因。因此，开展虾夷扇贝高产、优质新品种选育是提升我国虾夷扇贝养殖产业技术水平，提高产业整体经济效益，由数量效益型向质量效益型转变，实现我国由扇贝养殖大国向扇贝养殖强国转变的重要举措。

（二）育种过程

1. 亲本来源

虾夷扇贝“明月贝”是以2007年从辽宁大连和山东长岛海域虾夷扇贝养殖群体中收集挑选的1 000枚个体为基础群体，以壳色和壳高为目标性状，采用群体选育和家系选育技术，经连续4代选育而成。

2. 技术路线

技术路线见图1。

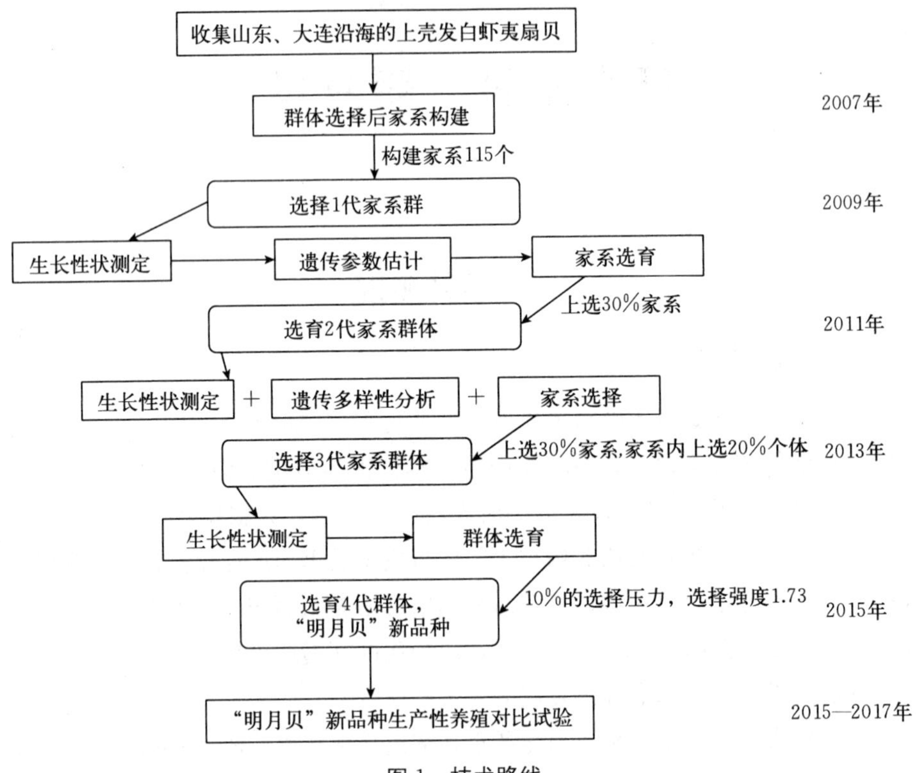

图 1　技术路线

3. 培（选）育过程

培育过程见图 2。

2007 年：建立基础群体，第一代虾夷扇贝“明月贝”家系培育（F1）

从基础群中选择个体健康、上壳发白的雌、雄虾夷扇贝各 133 个，共 266 个作为繁殖亲贝，进行一对一受精交配，构建家系 115 个，置于獐子岛海区养成。

2009 年：进行第二代虾夷扇贝“明月贝”家系选育（F2）

从建立的第一代虾夷扇贝“明月贝”家系中，选取双壳均为纯正白色的虾夷扇贝家系，对双白壳性状进行进一步纯化、固定；以壳高为生长性状指标，上选 30%家系，每个家系选 1 雄、1 雌 2 只扇贝进行家系内自交，构建家系 32 个，置于獐子岛海区养成。

2011 年：进行第三代虾夷扇贝“明月贝”家系和家系内选育（F3）

测量第二代虾夷扇贝“明月贝”各家系生长性状，依据壳高上选 30%家系，家系内上选 20%个体，从第二代家系中选出雌、雄各 104 个，共 208 个作为亲贝，以 1∶1 比例，建立家系 102 个，置于獐子岛海区养成。

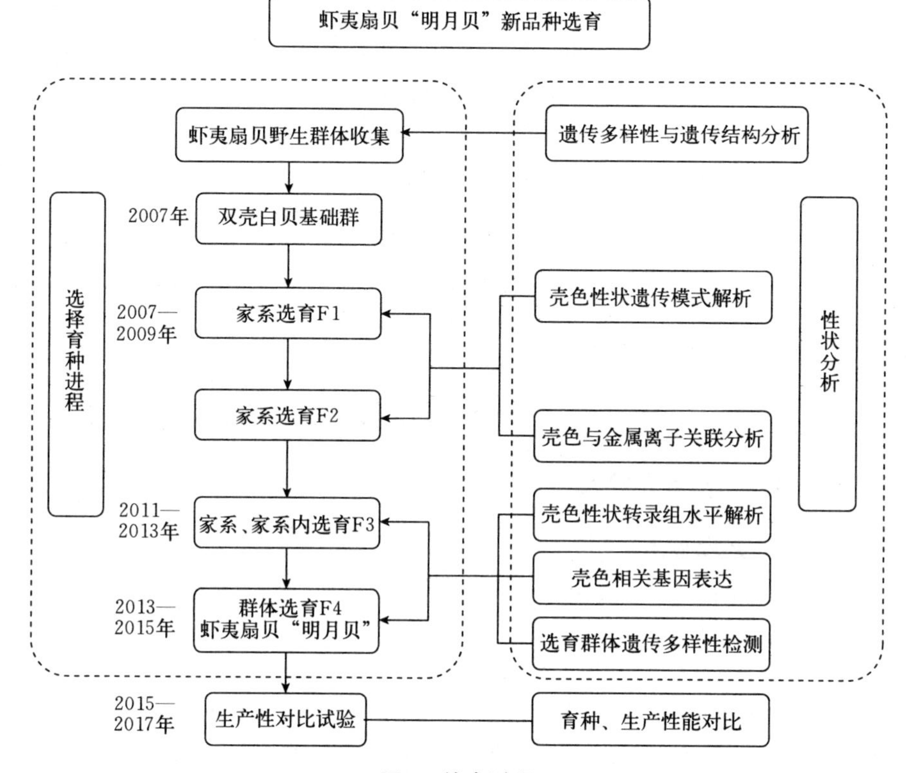

图2　培育过程

2013年：进行第四代虾夷扇贝“明月贝”群体选育（F4）

依据壳高大小，以10%的选择压力从虾夷扇贝“明月贝”三代家系中选出182个壳高最大的个体（雌雄比约为1∶1）为繁殖亲本，进行虾夷扇贝“明月贝”第四代选育，选择强度为1.73。

经过3代家系、家系内选育和1代群体选育，培育出的虾夷扇贝F4代双白壳群体具有双壳纯白的鲜明外部特征和生长速度快的优良生长特性，命名为虾夷扇贝“明月贝”。

（三）品种特性和中试情况

1. 新品种的特有特征和优良性状

虾夷扇贝“明月贝”贝壳双面均为白色。在相同养殖条件下，与未经选育的虾夷扇贝相比，20月龄贝壳高平均提高12.3%。适宜在辽宁、山东沿海养殖。

2. 中试选点情况、试验方法和结果等

于2015—2017年，利用2013年培育的F4代群体进行扩繁，并进行2年

生产性养殖。

2015 年开展虾夷扇贝“明月贝”大规模繁育及推广养殖，共获得苗种 1.2 亿枚，在长海县獐子岛、广鹿岛、大长山岛和山东长岛海域进行浮筏养殖，面积共约 600 余亩，双白壳个体比例 100%。与普通虾夷扇贝比较，“明月贝”的产量提高约 14%。

2016 年开展虾夷扇贝“明月贝”大规模繁育及推广养殖，2016 年共获得苗种 2.0 亿枚，长海县獐子岛、广鹿岛、大长山岛和山东长岛海域进行浮筏养殖，面积共约 1 320 亩；双白壳个体比例 100%。与普通虾夷扇贝比较，“明月贝”的产量提高约 16%。

二、人工繁殖技术

（一）亲本选择与培育

1. 苗种的亲本来源

亲本来源为培育的虾夷扇贝“明月贝”。

2. 培育方法

（1）促熟

① 设施及要求。催熟应满足以下条件：培育池宜为水泥池或玻璃钢水槽，容积 10～30 米^3，水深 1.1～1.5 米。水源水质符合《渔业水质标准》（GB 11607）的规定，培育用水符合《无公害食品　海水养殖用水水质》（NY 5052）的规定。

从亲贝所在的生境水温以每天不高于 0.5 ℃的幅度逐步提升至 6～7 ℃。盐度 27～31。光照强度 500～1 000 勒克斯。

每立方米水体培育密度为 20～25 枚，采用多层网笼或单层浮式网箱为培育容器。

② 管理。催熟过程按以下方式进行日常管理：亲贝入池前，清除贝壳上的附着生物和浮泥，按育苗水体每立方米 2～3 枚准备，雌雄比例 10∶1。

投喂硅藻、金藻或扁藻等单胞藻或酵母粉、淀粉、螺旋藻粉、鼠尾藻磨碎液等代用饵料。单胞藻投喂量为每天（6～8）×10^4 个/毫升，饵料投喂量随着种贝催熟时间的延长而增加，最终投喂量为 20×10^4 个/毫升，饵料每天分6～12 次投喂，严禁投喂含激素或激素类物质的饵料。

早期和中期每天倒池换水早晚各一次，换水量 100%；晚期性腺发育成熟，减少换水次数或不换水，避免因换水刺激导致种贝产卵，有效积温持续累积。

亲贝入池后，在 1～3 ℃水温中蓄养稳定 2～3 天，而后每天升高 0.3～

0.5 ℃，水温升到 4～5 ℃时稳定 3～4 天，再日升温 0.3～0.5 ℃，水温升到 6～7 ℃时恒温培育至性腺成熟，待产。连续微量充气。用药和停药期按《无公害食品　渔药使用准则》（NY 5071）的规定执行。

（2）待产亲贝处理与要求　产卵当日，以阴干、流水、升温刺激方法，刺激虾夷扇贝亲本进行产卵。同时待产亲贝应达到如下要求：

规格为壳高≥8.5 厘米，湿重≥60 克。感官质量应符合表 1 要求。选择性腺发育良好的种贝，平均性腺指数要达到 18%以上。

表 1　亲贝感官要求

项目	要　求
形态	符合贝类分类学中虾夷扇贝的特征描述
壳面	比较洁净、无附着物、贝壳无破损和错壳
健康状况	体质健壮，活力强，外套膜伸展并紧贴壳口；生殖腺饱满

（二）人工繁殖

1. 催产和受精

① 水质：同（一）中水质要求。

② 盐度：25～31。

③ 水温：亲贝促熟时，应以海上自然水温为基础，亲贝入池后，稳定 2～3 天后，每天升温 0.5～1.0 ℃，升到 6～7 ℃时，稳定待产。

④ 采卵密度：≤50 粒/毫升。

⑤ 受精：当有亲贝排放后，继续恒温养殖 3～4 天进行人工催产，待亲贝大量排放时，分别收集精子及卵子，在海水中自行受精，精子用量控制在 1 个卵子周围有 2～3 个精子。

2. 孵化与幼体培育

对受精卵进行孵化，孵化密度 40～50 个/毫升，孵化水温 11～12 ℃，每间隔 1 小时搅池一次，孵化至受精卵发育为 D 形幼虫；

（1）选优　孵化至 D 形幼虫后，选择上浮幼虫，用 260 目筛绢筛出培育，布池密度 8～9 个/毫升；

（2）培育条件

① 水质：同（一）中水质要求。

② 水温：11～12 ℃。

③ 盐度：27～31。

④ 光照：500 勒克斯以下。

⑤ 密度：10～12 个/毫升。

（三）苗种培育

1. 培育管理

投饵：受精卵孵化至 D 形幼虫期，可投喂硅藻、金藻或扁藻等小型单胞藻。一般单胞藻日投喂量 2×10^4 个/毫升；随着幼虫的生长，单胞藻投喂量应逐步增加，后期达到 8×10^4 个/毫升，分 6～8 次投喂。

换水：每天换水 2 次，每次换水 1/2～2/3。

倒池：每 4～5 天倒池一次。

吸底：每天早、晚各吸底一次。

充气：用 100 号或 120 号散气石，每平方米 0.8～1.0 个，连续微量充气。

（1）采苗

① 采苗时间。眼点幼虫达到 30%以上，应立即倒池并投放附着基。投放附着基后水温可以提高 1～2 ℃。

② 采苗器及处理。

采苗器种类：聚乙烯网片或细棕绳。

采苗器处理：聚乙烯网片使用前，用 0.5%～1.0%氢氧化钠溶液浸泡清洗油污；棕绳需经反复浸泡、敲打、冲洗，清除碎屑、杂质以及可溶性有害物质。

采苗器投放：聚乙烯网片按 2.0～2.5 千克/$米^3$ 投放，直径 3 毫米的棕绳按 1 000～1 500 米/$米^3$ 投放。

（2）采苗后管理

① 投放采苗器后适当加大换水量，减少充气量，检查附着变态情况，根据附苗数量调整投饵量。

② 用药和停药期：按 NY 5071 的规定执行。

2. 出池

将采苗器放入 30～60 目的 30 厘米×40 厘米或 50 厘米×80 厘米苗袋中，扎紧袋口。一般每袋装一片采苗器。出池作业时，操作人员按捞取采苗器、分剪、装袋、绑袋等环节流水作业。操作要求稳、准、轻、快，防止出池苗的脱落和损伤。

3. 出池苗的运输

0.5 小时以内的短途运输，车厢内铺设 10 厘米以上的吸足海水的海草或海绵，苗袋和海带草相间铺设，最上层应多放海草。装好后喷洒海水，覆盖塑料薄膜。

超过 0.5 小时的长途运输，采用泡沫塑料箱和双层塑料膜袋相结合包装，充氧，在塑料膜包装箱上加冰袋（或冷冻水瓶），用胶带封箱。

三、健康养殖技术

（一）健康养殖（生态养殖）模式和配套技术

1. 筏式养殖

（1）环境条件　应符合表2的要求。

表2　浅海养殖环境条件

环境因子	要求
水质	应符合NY 5052的规定
水深（米）	大潮期低潮时水深为5～25
流速（厘米/秒）	10～40
水温（℃）	5～25
盐度	25～33
透明度（米）	≥0.6

（2）养殖设施

① 由浮梗、浮漂、固定橛、橛缆、养殖笼等部分组成，不能使用有毒材料。

② 划分海区并确定位置，留出航道，行向与流向成垂直，行距10～20米，笼间距为0.5～0.7米，一根60米的浮梗可挂80～100笼。

③ 养殖笼最上层距水面1～2米。

（3）养殖密度　每公顷水面放养7×10^6～10×10^6粒（航道等空置水面积计算在内）；直径32厘米的养殖笼每层15～20粒。

（4）日常管理

① 污损生物防除。及时刷洗清除敌害生物，查清种苗暂养海区藤壶、牡蛎等的产卵和附着时间及其幼虫垂直分布和平面分布，尽量避开藤壶和牡蛎附着高峰期进行分袋倒笼等生产操作。

② 水层调节。附着物大量附着季节，应适当下降水层；大风浪来临前，应将整个筏架下沉，以减少损失。随着扇贝的生长，体重增加，应及时增补浮漂，防止筏架下沉，使浮漂在水面上保持将沉而未沉状态。

③ 应急处置。当养殖海区或临近海区有赤潮或溢油等事件发生时，应及

时采取措施，避免扇贝受到污染。如果扇贝已经受到污染，应就地销毁，严禁上市。

2. 底播

（1）场地选择　应选择以粗沙为主，略微柔软的沙泥底质。水深应不小于15米，以20～35米为宜。水温年度变化一般均在0～23℃，盛夏水温最高也不能超过26℃，海星等敌害生物较少。

（2）播苗　应按如下方式播苗：

① 播苗季节多选择在10月下旬至12月初。

② 苗种投放密度以每平方米7～8枚较为适宜，视增殖区自然条件和苗种规格可稍作调整。

（3）底播管理　应按如下方式管理：

① 禁止渔船进入增殖区域内拖网，以免破坏底质结构、损伤贝苗；

② 禁止往增殖区域内倾倒浮筏上清除的杂物，以免恶化环境、损害贝苗；

③ 认真做好增殖区域内敌害生物的清理工作，及时清除海星等敌害；

④ 定期进行贝苗底播后的跟踪监测，了解其分布、移动、生长和存活情况等。

（二）主要病害防治方法

1. 病害名称

才女虫病，俗称“黑壳病”或“黑心肝病”。

2. 病因

此病多发生在工厂化养殖过程中，集约化生产的高密度对环境要求十分严格，而目前的设备和手段还达不到理想的环境，溶解氧、氨氮、pH等各种因素失调时，导致才女虫的大量繁殖并危害扇贝。凿贝才女虫分泌腐蚀贝壳的酸性物质，在贝壳上穿凿管道，使壳内面接近中心部位形成黑褐色的痂皮。

3. 主要症状

病贝生长缓慢，穿凿管道的形成使贝壳受损，特别是使闭壳肌周围的壳变得脆弱，在养殖操作过程中容易破裂。当虫体钻穿贝壳达到软体部时，则直接侵害软体部，被侵组织周围发生炎症，局部形成脓肿和溃疡，引起细菌继发性脓疡，并产生一种特殊的臭味，严重降低贝类的品质和价值，严重时甚至导致贝类死亡。

4. 防治方法

目前在生产过程中常用的预防措施主要有：

（1）勤刷笼　购进苗种后，尽快分入暂养笼，特别是在才女虫的附着高峰期，更要经常刷洗，使其幼虫不能在扇贝壳表面附着筑管。

（2）晚分苗　分苗时间可推迟至8月初开始。此时正值凿贝才女虫的附着高峰期，分苗时通过筛洗贝苗，彻底清洗贝壳表面，使刚刚附于贝壳的凿贝才女虫幼虫被洗掉或死亡；同时晚分苗也可同时避开牡蛎的附着期。

（3）调整浮筏深度　分苗入养成笼后应适时调整养殖筏的浮力，避开多毛类幼虫较多的附着水层，切勿使养殖筏过于沉底。

（4）发现“黑壳病”时，应在凿贝才女虫秋季产卵之前将带病的扇贝捕起，以控制凿贝才女虫的发生量，减少害虫的繁殖和扩散。

（5）育苗单位在选择亲贝时一定要严格把关，不要将带病亲贝混入育苗室。

四、育种和种苗供应单位

（一）育种单位

1. 大连海洋大学

2. 獐子岛集团股份有限公司

（二）种苗供应单位

大连海洋大学

地址和邮编：辽宁省大连市黑石礁街52号，116023

联系人：丁君

联系方式：13322257023

（三）编写人员名单

编写人员名单见表3。

表3　虾夷扇贝“明月贝”育种团队主要参加人员及分工

序号	姓名	职称	分　工
1	丁君	研究员	良种培育、遗传分析
2	赵学伟	高级工程师	苗种育成管理及产业推广
3	常亚青	教授	整体设计、育种方案制定
4	梁峻	高级工程师	中试和产业化推广
5	孙欣	工程师	苗种繁育生产
6	宋坚	研究员	良种繁育、生产指导
7	郝振林	副教授	良种培育、生理指标测定

（续）

序号	姓名	职称	分　工
8	王许波	讲师	亲贝管理、良种扩繁及规范编制
9	毛俊霞	讲师	遗传分析
10	石晓	工程师	苗种繁育、养殖生产
11	薛东宁	工程师	中试、养殖生产
12	范余柱	工程师	海上种质库管理
13	杨鑫	工程师	苗种调查测量
14	张存善	研究生	良种繁育及养成
15	赵鹏	研究生	良种繁育及养成
16	王俊杰	研究生	良种繁育及养成
17	于德良	研究生	良种繁育及生物学研究
18	张晓森	研究生	良种繁育及生物学研究

三角帆蚌“申紫1号”

一、品种概况

（一）培育背景

三角帆蚌（*Hyriopsis cumingii*）是我国特有种，是我国最重要的淡水育珠母蚌。我国三角帆蚌培育的淡水珍珠产量高，产值不高，主要原因是三角帆蚌优质珍珠产出率低。除了珍珠规格外，珍珠颜色也是评价珍珠质量的一个重要因素。三角帆蚌所产珍珠以白色为主，紫色珍珠稀少（价格较高）。贝壳珍珠质颜色与所育珍珠颜色显著相关，因此，以贝壳珍珠质颜色为选育性状，获得贝壳珍珠质为紫色的三角帆蚌，提高培育紫色珍珠的比例和产量，可实现稀有紫色珍珠批量生产。

（二）育种过程

以 1998 年从鄱阳湖和洞庭湖采集的 5 000 个野生三角帆蚌构建基础群体，采用群体选育辅以家系选择方法，以贝壳珍珠质深紫色、个体大为选育指标，经连续 5 代选育而成。

（三）品种特性和中试情况

1. 品种特性

三角帆蚌“申紫 1 号”贝壳珍珠质深紫色，紫色个体比例达 95.6%，插珠 18 个月后，所育紫色珍珠比例达 45.8%，在相同养殖条件下，与未经选育的三角帆蚌相比，所育紫色珍珠比例至少提高 43.0%。

2. 中试情况

2012 年开始，分别在浙江、江西、安徽、江苏等地开展三角帆蚌“申紫 1 号”的中试养殖 1 000 多亩，插珠 18 个月后，随机抽样检查，三角帆蚌“申紫 1 号”紫色个体比例达 95.6%～97.2%，所育紫色珍珠比例达 45.8%～50.1%，紫色珍珠比例提高 43.0%以上。

二、人工繁殖技术

（一）亲本选择与培育

1. 亲蚌选择

繁育生产所用三角帆蚌“申紫 1 号”亲蚌为 3～6 龄个体。亲蚌贝壳珍珠质颜色为深紫色；蚌壳外表疏密相间的生长线宽大，蚌体厚实；外鳃整齐无缺损，无寄生物，体质健壮，无任何病害；受惊后两壳闭合迅速，喷水有力。

2. 亲蚌培育方法

亲蚌培育分池塘直接培育和温室大棚培育两种。池塘直接培育的池塘面积一般 5～8 亩，水深 1.5～2.0 米。温室大棚培育的温室面积一般 2～3 亩，水深 1～1.5 米。每年 11 月将优选的亲蚌移入池塘或温室大棚培育，每亩 300～400 只亲蚌，雌雄比为 4∶1。采用温室大棚培育方法提早繁育，于 11 月建成亲蚌培育温室大棚。先是清池，清除池底残余三角帆蚌以及其他淡水贝类，避免种质污染、营养竞争等，然后采用生石灰消毒，用量 60～80 千克/亩，最后采用高透光塑料布及钢结构支架于池塘上搭建温室大棚。温室大棚搭建好后，池塘注水，注水后尽快把优选亲蚌挂入温室。培育过程中注意定期检查大棚有否破损，及时清扫积雪。保障饵料鲜活嫩爽，用施肥和加换水的方法把池水水色调至黄绿色；经常用生石灰将池水的 pH 调至 7～8；使用增氧设备，把池水的溶解氧调至 5 毫克/升以上。亲蚌温室培育 2 个月，至第二年 3 月即可怀成熟钩介幼虫。池塘直接培育亲蚌将在 4 月怀成熟钩介幼虫。

（二）人工繁殖

1. 寄主鱼准备

用于繁蚌的黄颡鱼，应挑选体质健壮、游动活泼、色泽鲜艳、无伤无病的个体，其体重在 50 克左右最佳。繁殖 100 万只幼蚌需要 75 千克寄主鱼。寄主鱼在网箱暂养过程中，应将网箱提前放入水中 1 周，待网箱体长满附着藻类为宜，以避免鱼体与网箱摩擦损伤。投喂优质颗粒饲料强化培育用作采苗的寄主鱼，在采苗前须停食两天。

2. 检查钩介幼虫成熟度

（1）*外观*　外鳃瓣非常丰满，鳃丝粗壮，呈现橙黄色或暗红色。

（2）*足丝*　用解剖针点刺鳃瓣，若能带出一条丝状的钩介幼虫，则说明“育儿囊”内的钩介幼虫发育已成熟。成熟的钩介幼虫足丝发达，相互交织在一起而形成丝状体。

（3）*镜检*　将取出的钩介幼虫置于显微镜下观察，如果一个视野里的钩介幼虫全部或大部分破膜，且两壳已能微微扇动，足丝粘连，则表明钩介幼虫大多成熟。

3. 产苗

将选好的钩介幼虫成熟的雌蚌洗干净，在阴凉处放置半小时后，平放在底径约50厘米、高20～25厘米的大盆中，每盆放10个为宜，加清水（与池水温度差不超过1℃）至刚好浸没雌蚌为准。雌蚌排出成团状的絮状物，约30分钟有一定密度后，取出雌蚌，放入另一大盆中继续让其产苗。

4. 采苗

用玻璃棒在大盆中轻轻地搅动水体，使含钩介幼虫的絮状物散开。将寄主鱼放入产苗盆内，每只雌蚌通常放入寄主鱼0.5～1千克，进行静水采苗。采苗时间控制在10～20分钟，以每尾寄主鱼寄生钩介幼虫1 000只左右为宜。采苗期间，用一个小型增氧泵给产苗盆中增氧，并加注新水。采好苗的寄主鱼应及时转移至暂养设施。

5. 采苗寄主鱼饲养

钩介幼虫寄生在寄主鱼鳃上生长发育，因此，钩介幼虫的培育环节主要是采苗寄主鱼的饲养。寄主鱼饲养主要包括网箱养殖和育苗池流水养殖2种方法。繁育规模较大时，适宜网箱养殖，即将寄主鱼放入原暂养网箱。繁育规模较小时，适宜在流水育苗池养殖，每平方米育苗池放养寄主鱼1～1.5千克，育苗池水的流量控制在300～500毫升/秒。养殖期间，每日投喂2次活蚯蚓或碎蚌肉，日投喂量为寄主鱼重量的2%左右，并及时清除残饵。

6. 脱苗

技术员自寄苗之日起，每日8:00、12:00和17:00各测水温一次，其平均值代表每日水温。生物学零度和有效积温作为经济动物人工育苗时控制温度或发育历期的重要参考条件。三角帆蚌钩介幼虫发育至稚蚌的生物学零度为8.4℃，钩介幼虫发育至稚蚌的有效积温为165℃·天，三角帆蚌采苗时间预报公式为：采苗时间＝165/（平均日温－8.4）。

脱苗前1～2天，停止给寄主鱼投食，将育苗池打扫干净，放新水至17厘米，再放入寄主鱼。至鳃丝及鳍条上的小白点消失，蚌苗已基本脱完。及时将寄主鱼轻轻捞出，转入蚌苗培育。

（三）苗种培育

1. 流水式苗种培育系统

采用流水式培育系统培育蚌苗，该系统包括调水池、培育池和回水池。

调水池调节内容包括水质理化指标及饵料生物。为了满足蚌苗充足的饵料，调水池与培育池的面积比一般为（3～4）∶1。育苗前期，调水池需要加盖温室大棚，保持与育苗池一致的水温，并提高饵料生物量；育苗后期，池塘水温、水质较稳定时，可直接采用大的池塘替代调水池。

为了提高脱苗率，育苗池增加脱苗功能区并便于复原。育苗池本体内设置临时分隔栅，分隔栅将育苗池本体分隔成临时脱苗区和稚蚌培育区（图 1），等脱苗结束后撤除分隔栅。脱苗时，将黄颡鱼与稚蚌分隔开来，避免黄颡鱼受生产活动干扰时对池底的搅动，减少稚蚌随水流的流失，同时可减少黄颡鱼摄食稚蚌的机会，可提高得苗率。

苗种培育池一般在回水池内安装水泵，实现育苗水的循环利用。根据苗种繁育规模和水泵功率设计回水池大小，一般 2～3 米^3 即可。

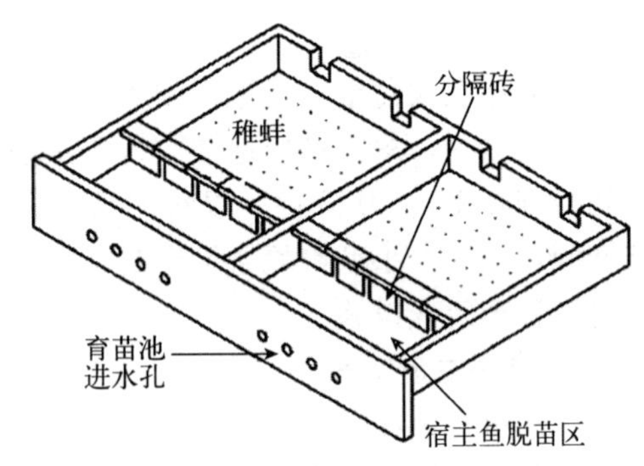

图 1　育苗池设置

2. 蚌苗培育

（1）放养密度　每平方米育苗池放养蚌苗 2 万～3 万个为宜。

（2）控制流速　池水流速前期慢、后期快，夜间大于白天。

（3）增加溶解氧　池水溶解氧不得低于 5 毫克/升。

（4）添加营养泥　每天加入营养泥，营养泥的加入量与稚蚌的壳高（0.3～1 厘米）一致，为了避免淤泥过多以及出现淤泥堆积的死角，严格量化添加营养泥，每日一次。

（5）操池炼苗　为了避免蚌苗过于集中而窒息死亡，坚持勤操池，每日至少 2 次疏散蚌苗。操池时，手不要碰到池底。

3. 小蚌培育

采用网箱培育。

（1）水体和网箱消毒　生石灰消毒浓度为 350 毫克/升，使用时先将生石灰加适量水迅速化开，全池均匀泼洒，药效时间为 7～10 天。

（2）放养规格　壳长 0.8～1 厘米的蚌苗。

（3）放养密度　所述网箱大小为 50 厘米×50 厘米×10 厘米，以每网箱放养 100～150 只蚌苗，每公顷放养 60 万只为宜。

（4）网箱吊养　每箱间距 4 米左右，吊养于水下 30 厘米处为宜。

（5）添加营养泥　厚度以幼蚌能直立为度，0.8～1 厘米。

（6）勤洗网衣　网衣上的附着藻类要勤洗刷。

三、插核技术

（一）无核珍珠手术操作

1. 插核时间和水温

接种时间一般在每年的3—6月或9—11月。接种水温以15～26℃为宜。

2. 育珠蚌和小片蚌准备

（1）*育珠蚌和小片蚌选择* 插核用的育珠蚌和小片蚌均选用三角帆蚌“申紫1号”，蚌龄以不超过1足龄为宜。蚌壳长7～9厘米，个体重不得低于20克，贝壳珍珠质颜色为深紫色。蚌体厚实，外壳色泽鲜艳、光亮，呈深绿至青蓝色，或黄褐色。每个生长季节的生长速度都快，生长线相距2～3厘米。蚌体完整无损伤，腹缘整齐，有明显的黄褐色壳皮层。外套膜肥厚细嫩，呈白色，不得脱离壳。肠道含食饱满。斧足肥硕，体质健壮。受惊后两壳迅速闭合，喷水有力。插片蚌要求前端较圆，蚌体较膨突。

插核前做好检疫，做到插核蚌无伤无病。选择时要逐个蚌检验，一旦发现受伤蚌或患病蚌，剔除不用。对于病伤严重的作业蚌，应考虑整批蚌不用。

（2）*育珠蚌和小片蚌暂养* 在水温20℃左右时，自繁自用的蚌暂养10天，外地买进的蚌暂养30天，以蚌体养肥为准。用网袋或网箱吊养，暂养密度不超过30万只/公顷。在手术操作之前，将吊养在水域中的手术蚌根据每天的工作量捞起，洗去壳上的污泥脏物，然后根据小片蚌和育珠蚌的不同要求进行分类选择。一般将外形较整齐，个体相对大，便于手术操作的用作育珠蚌，其余的内壳色较深的用作小片蚌。

3. 制备小片

小片是产生珍珠囊的物质基础，制片操作要轻快，采用撕膜法较好，操作程序为：剖蚌→去污→开膜→取下外表皮→洗去黏液污物→切去色线→修边→切片。取出制片蚌，用解剖刀插入蚌体，切断前、后闭壳肌及韧带，将壳左右分开，注意不要损伤外套膜边缘膜，使外套膜完整地黏附在蚌壳上，用浸湿的海绵轻轻擦去边缘膜上的污物，然后将外套膜内外表皮分开，把外表皮的正面（贴壳一侧的珍珠分泌面）朝上，反面（结缔组织面）朝下，平展在玻璃板上，用切片刀修整，使之厚薄均匀、形状整齐，尤其是切除边缘膜有色边缘和残留在边缘膜内侧的外套膜肌。切片规格以边长3～4毫米的方形为佳。一经切好，就要用滴管滴上生理盐水，并要防止阳光直射到小片上，防止小片干燥。小片不能放久，否则失水严重，影响细胞活力，难与育珠蚌的外套膜结缔组织愈合。一般要求从制片开始到插入育珠蚌外套膜整个过程在5分钟内完成。

4. 插片操作

小片制好后要尽快插入育珠蚌的外套膜中，使小片的结缔组织与育珠蚌外套膜的结缔组织愈合，形成珍珠囊，分泌珍珠质而形成珍珠。操作过程包括选蚌→开壳→加塞→挑片→创口→插片→整圆→去塞。首先把选好的育珠蚌放在大小适宜的手术架上，用开壳器轻轻插入育珠蚌的两壳之间，撑开双壳，根据蚌体大小放入不同宽度的U形塞子（开口的大小以不损伤闭壳肌为宜，一般距离在0.7～0.8厘米），再用手术针把鳃和内脏团拨向一侧，然后一手拿钩针，另一手拿送片针，用钩针把小片拨向送片针的顶端，使小片呈袋状并使外表皮包在里面，一次挑起，接着用钩针在育珠蚌外套膜上横向开口，紧跟钩针，把小片一次送入，伤口深5～7毫米，钩针离开伤口后，随即在伤口旁边轻轻一拉，既防止吐片又起到了整圆的作用，这样插片即完成。再插另一面小片，插好小片立即在创口滴加消毒液消毒，然后拔掉固口塞子。插片部位以外套膜中央膜的中后部、鳃能遮盖的地方为好，但不能超过蚌体长的二分之一。插片要从后端到中部，从边缘到中心，创口与小片间隔排列呈“品”字形。创口大小，以能使细胞小片插入为宜。插片数量按蚌体大小而定，通常每蚌以28～32片为宜。每只蚌插片的时间应在5分钟内。插完后育珠蚌立即放入清水中暂养，半天后一次性将蚌吊养到养殖水域，水质应符合渔业水质标准的规定。

（二）有核珍珠手术操作

有核珍珠手术操作时间与无核珍珠手术操作时间和水温相同，育珠蚌应该选择壳长为13～15厘米的2龄三角帆蚌“申紫1号”，供片蚌仍为1龄三角帆蚌“申紫1号”。小片的制备与无核珍珠手术工艺相同，切割成边长近3毫米的正方形小块，有核珍珠手术操作与无核珍珠手术操作的主要区别在插片操作环节。

有核珍珠手术将珠核和细胞小片同时插入到斧足和内脏团结合处。首先，将育珠蚌置入楔形固定台上，利用开壳器轻轻打开蚌壳2～3厘米后加固定器，右手持创口刀，在斧足长一半处开口，平直向左插入5～6厘米至斧足和内脏团结合处，抽出创口刀，右手换持送核针，穿上珠核，从正中间穿上在玻璃板准备好的细胞小片，左手持弯头针辅助穿起珠核和细胞小片；然后，用弯头针挑开创口，将紧贴有细胞小片的珠核植入内脏团，用弯头针按住珠核拔出送核针，再用弯头针抚平伤口，滴加适量的金霉素消毒液；最后，拔掉U形塞，把蚌放入流水小池中暂养，每1小时将手术蚌放回到养殖外荡或池塘中培育。

四、健康养殖技术

（一）适宜养殖的条件要求

育珠蚌的生活环境是水域，水环境不仅决定育珠蚌能否生存和生长，而且直接影响到养殖珍珠的产量和质量，因此对水域环境的选择就显得十分重要。通常要求水源无污染，进、排水方便，最好有微流水，水质较肥沃，水面无水生植物，底质淤泥较少，符合育珠蚌快速生长的需要。

1. 水深

育珠水域的水位深度以1.5～4米为好，以2米左右为最佳，低于1米或高于5米均不宜养殖育珠蚌。水位过浅，水温受气温影响变化大，夏季炎热，水温过高，而冬季寒冷，水温过低。水位过浅还会影响水质的稳定性，如容易受风浪的影响而混浊。水位过深，则下层水温低，影响水中营养物质循环，饵料生物难以满足育珠要求，对育珠蚌的生长同样不利，严重时会引起育珠蚌死亡。

2. pH（酸碱度）

大多数淡水水域的pH为6.5～8.5，都可以养殖珍珠，但中性或偏碱性的水域（pH为7～8）最适合育珠蚌的生长和珍珠质的分泌。pH超过适宜范围（低于6或高于9）时，就会影响育珠蚌正常的生活和生长。

3. 水流

一定速度的流水对育珠蚌的生长和珍珠的培育十分有利。一是流水能保持水质清新，溶解氧充足，饵料生物补充快，从而较好地保证了育珠蚌的营养需要。二是育珠蚌的排弃物能得到及时清除，有利于减少污染，提高珍珠的质量。三是使营养盐类均匀分布，促进热量向水层传播。

4. 矿物质

淡水育珠蚌的生长和珍珠质的分泌是生物矿化的过程，离不开矿物质。钙是育珠蚌贝壳和珍珠的主要成分（以碳酸钙形式存在），因此，蚌对钙的需求量较大，一般在15毫克/升以上。此外，还要求有一定量的镁、硅、锰、铁，以及铜、锌、铝、银、金、钒、铜、镧、硒、钇等元素。尤其是为了提高三角帆蚌“申紫1号”所育紫色珍珠的比例和紫色度，更需补充锌、锰、铁、钴等元素。

5. 饵料生物与水色

饵料生物是育珠蚌生活和生长的重要基础，水体中饵料生物丰富，育珠蚌需要的营养能得到较好的保证，因而生长快、育珠质量高。育珠蚌与其他蚌一样具有直接营养和渗透营养的特点，其主要饵料生物是浮游植物、浮游动物及部分原生动物，浮游植物有隐藻、硅藻、甲藻、金藻和绿藻等，浮游动物有轮虫、桡足类和枝角类等，其中浮游植物是育珠蚌的主要饵料。三角帆蚌以食硅藻、甲藻等为主，兼食原生动物和有机碎屑等。育珠蚌由于行动迟缓，基本没有主动摄食的能力，只能靠其鳃和唇瓣上的纤毛摆动，形成水流，使水不断从进水孔进入，经过筛滤得到食物。这种取食方式非常被动，其饵料组成成分必然随着水体中浮游生物的变化而变化。水中的浮游生物和泥沙碎屑的含量决定着水体的水色和透明度，从水色的深浅可以看出水中饵料生物的丰歉，饵料生物多，则透明度低，水色深。一般黄绿色的水体最适宜于养殖育珠蚌，养殖水域的透明度，以 30～45 厘米为最佳。

6. 光照和通风

光照是影响生物生长的主要环境因子之一。光照能够直接产生热效应，从而为育珠蚌和饵料生物的生存提供能量来源。光照影响水环境的理化性状，对育珠蚌的颜色、生殖和运动等具有重要意义，同时对珍珠的光泽有较大的影响。

7. 水温

育珠蚌的生长、发育、繁殖及珍珠的形成和生长都直接受水温的影响。育珠蚌的适宜温度范围为 20～30 ℃，此温度条件下，育珠蚌生长迅速，珍珠质分泌旺盛，成珠时间快。而当水温在 8 ℃或更低时，育珠蚌的新陈代谢基本处于停滞状态，活动微弱，停止分泌珍珠质。水温在 35 ℃或以上时，育珠蚌生长受到抑制，异化作用大于同化作用，甚至衰弱死亡。

（二）主要养殖模式配套技术

鱼蚌混养是目前淡水珍珠养殖的主要模式，可实现“一水两用”，是绿色健康养殖模式，其养殖技术要求包括珠蚌吊养和鱼种放养等养殖准备，以及投饵、施肥和泼洒生石灰等饲养管理。

1. 养殖准备

（1）珠蚌吊养　每年 2 月，每亩吊养插好片、体质强壮、无病害的 2 龄三角帆蚌 1 000 只。珠蚌养殖采用挂网夹法。在大小为 15 厘米×40 厘米，网目为 3 厘米×3 厘米的聚乙烯扁平网夹中，将珠蚌斧足向下，每个网夹放养 3 只。一般春、秋两季网夹吊挂于水面以下 15 厘米左右，冬、夏两季适当深吊于水面以下 35 厘米左右。

（2）鱼种放养　在主养淡水珍珠蚌的池塘中，通常搭配养殖草鱼（*Ctenopharyngodon idella*）、鲫（*Carassius auratus*）、鲢（*Hypophthalmichthys molitrix*）、鳙（*Aristichthys nobilis*）等淡水鱼类，鱼蚌比通常为 1∶(7～10)。放养鱼种的种类和密度，可根据苗种易得性、市场销售、养殖管理水平等具体情况调整。

2. 饲养管理

（1）*投饵施肥* 在气温较低的季节，适时投入发酵的有机肥，施肥少量多次，一般每月2次。在气温较高的3—8月施用无机肥，坚持少量多次的原则，一般每亩用尿素1千克、过磷酸钙3千克。池水透明度控制在25厘米左右。根据养殖鱼类品种投喂专用配合饲料，投饵坚持“四定”原则。天气正常时，日投颗粒饲料两次，8:00—9:00一次，16:00—17:00一次；遇到雨天或气压低、天气闷热，则推迟或停止投饵。日投饲率前期控制在鱼体重的5%，后期为3%。

（2）*勤施生石灰* 每月每亩每米水深用15千克生石灰化水后全池泼洒1次（不能泼在网笼上），5—9月要求每月泼洒2～3次。如水体出现大面积绿藻则暂停施生石灰。

（3）*及时巡查，做好记录* 在做好早、晚巡塘的基础上，每天对育珠蚌进行抽样检查1次，定期翻动育珠蚌，以免造成左右两侧珍珠的阴阳面、蚌壳卡入网线中，并及时清除网笼上的附着物。蚌病高发季节，应及时检查，捞出死蚌并取出其中的珍珠，以降低死蚌引起的蚌病交叉感染。

（三）主要病害防治方法

1. 蚌瘟病

（1）*病因* 尚不十分明确，此病可与嗜水气单胞菌形成混合感染或继发感染。

（2）*症状* 发病初期，三角帆蚌的爬行运动消失，对水的净化力减弱，进水孔与排水孔纤毛收缩，排粪减少，喷水无力，但不见斧足麻木；后期不排粪或有少量灰白色黏液附着于排水孔，最后张壳死亡。

（3）*流行情况* 本病发生在夏秋两季，春夏之交及秋末死亡较多。

（4）*防治方法*

① 用10～15毫克/升生石灰水泼洒在两排吊蚌中间和四周，连续或隔日泼洒2～3次，以后每隔10～15天泼洒1次，泼洒生石灰水后，使池水pH达到7~8.5。

② 用壳角蛋白结合剂GE，在盐酸酒精中分散成微细颗粒后，均匀泼洒在育珠水层中，使育珠层的药液浓度成0.5毫克/升。

2. 气单胞菌病

（1）*病原* 嗜水气单胞菌，革兰氏阴性杆菌。

（2）*症状* 初期，病蚌体内有大量黏液排出体外，蚌壳后缘出水管喷水无力，排粪减少，两壳微开，呼吸缓慢，斧足有时残缺或糜烂，腹缘停止生长。

（3）*流行情况* 自4月中旬到10月均有发生，5—8月为发病高峰，死亡率在 50%～90%。

(4) 防治方法

① 插片后立即用 0.1%氯霉素进行注射，每只蚌 1 毫升，以后每隔 10 天注射 1 次，共注射 3 次。

② 发病后先用 1 毫克/升漂白粉或 20～30 毫克/升生石灰全池遍洒，后用 0.1%～0.2%四环素注射，每只注射 1～2 毫升，共注射 1～2 次，注射部位为斧足，针刺深度 1 厘米左右。

3. 烂鳃病

(1) 病因　鳃受伤而继发细菌感染。

(2) 症状　鳃丝残缺不全、苍白，有淡黄色黏液，鳃片黏有污物并有炎症。

(3) 防治方法　①用 20～25 毫克/升生石灰或 1 毫克/升漂白粉全池泼洒。②用盐酸四环素，每只注射 1 000～4 000 国际单位。③用 0.01%～0.02% 多菌灵浸泡 15～20 分钟。

4. 烂斧足病

(1) 病因　由细菌、寄生虫或鱼类等吞噬引起。

(2) 症状　斧足缺刻，溃疡严重，萎缩，呈肉红色，组织缺乏弹性。

(3) 防治方法　用 2%食盐水或 0.01% 高锰酸钾溶液浸泡 10～15 分钟。

五、育种和种苗供应单位

(一) 育种单位

1. 上海海洋大学

地址和邮编：上海市浦东新区沪城环路 999 号，201306

联系人：白志毅

电话：021－61900438，15692165019。

2. 金华市浙星珍珠商贸有限公司

地址和邮编：浙江省金华市迪耳路 449 号，321001

联系人：叶伟星

电话：0579－89128988，13862500233

(二) 种苗供应单位

单位和联系方式同育种单位。

(三) 编写人员名单

白志毅，李家乐，汪桂玲，刘晓军，叶伟星，杨仁民，王正。

文蛤“万里2号”

一、品种概况

（一）培育背景

文蛤（*Meretrix meretrix*）是我国沿海重要的海产经济动物，属于广温广盐性滩涂埋栖型双壳贝类，在我国南北沿海均有分布，其具有肉质鲜美、营养丰富、经济价值高等优点，已成为我国沿海主要养殖种类和出口创汇的重要鲜活水产品之一。近年来，文蛤规模化育苗技术的开发应用，使文蛤增养殖生产获得了快速发展，据不完全统计，近年来我国文蛤总产量约30万吨，占世界文蛤产量的90%以上。随着人民生活水平的提高，文蛤国内外市场均供不应求，市场发展潜力巨大。然而，长期以来人工养殖的文蛤多属于未经遗传改良的野生型种，养殖过程中很容易出现苗种质量参差不齐、生长速度变缓、病害增多、产品质量下降的问题，导致养殖难度逐渐加大、养殖效益下降，严重影响产业的稳定和可持续发展。因此，培育高产、抗逆的文蛤良种已成为产业健康持续发展的支撑体系之一。

选择育种是动植物良种培育的重要方法，在种植业、畜牧业中优良养殖品种的创制和推广，已成为解决生产性状衰退、病害频发、抗逆能力减弱的有效途径。文蛤自然群体的壳色和壳面花纹多种多样，而且壳色花纹漂亮的文蛤商品价格显著提高。先前的文蛤育种试验发现，文蛤壳色与生长速度、抗逆性显著相关，其中具有暗灰底色、锯齿花纹的个体表现出生长快、抗逆性强、繁殖力高等诸多优点。因此，培育具有明显壳色性状的优良文蛤新品种将会提高文蛤品质、增加养殖产量，确保文蛤养殖业健康、可持续发展。

生长性状是文蛤选育中改良的首选目标性状，研究发现壳色为暗灰底色、锯齿花纹的个体生长最快，生长与壳色性状紧密关联。以文蛤生长速度和壳色花纹特征为目的性状，以自然群体中少数壳色突变体（约5%）为选择基础群，通过连续4代的群体选育，培育出生长速度快、壳色花纹典型的文蛤养殖新品种“万里2号”。文蛤“万里2号”品种的产业化应用，将显著提升我国现有文蛤养殖产业的产量和效益，具有巨大的社会效益和经济效益。

（二）育种过程

1. 亲本来源

2006 年在山东东营种群移养浙江的文蛤养殖群体中（图 1），以暗灰底色、锯齿花纹壳色为选择标准，从约 40 000 粒文蛤中选出 2 000 粒，在浙江构建了规模为 2 000 粒 2 龄亲贝的育种基础群体。随机抽取 100 粒成贝进行主要生长指标的测定。结果显示，成贝的初始体重为（26.13±8.72）克、壳长为（48.18±7.54）毫米、壳高为（38.43±4.68）毫米（表 1）。

图 1　文蛤山东种群壳色花纹的多样性

表 1　文蛤基础群各生长性状的表型统计量（n=100）

指　标	壳　长	壳　宽	壳　高	湿　重
平均数	48.18 毫米	23.81 毫米	38.43 毫米	26.13 克
标准差	7.54	3.50	4.68	8.72
变异系数（%）	15.6	14.7	12.2	33.4

2. 技术路线

文蛤“万里 2 号”新品种培育的技术路线见图 2。

3. 选育过程

第一阶段，2006—2012 年连续采用闭锁群体内个体选育方法，以具有典型暗灰底色、锯齿花纹壳色和个体重大于 25 克这两个目标性状为标准选留育种亲贝，凡壳色花纹特征不明显的个体均予以淘汰，留种率为 20%。后裔群体中暗底锯齿纹个体比例达到 100%。2012 年，从选育群体中优选 5 000 个性状优良的亲本进行繁育，构建了“万里 2 号”的核心群体，并完成 G4 选育和扩繁（表 2）。

第二阶段，2012—2016 年开展中试养殖示范试验，核心群体的壳色性状比例达到 100%，遗传性状稳定，生长性状得到明显提高，选择反应非常明显。不同地区、不同年度对比养殖试验表明文蛤“万里 2 号”比未选育养殖群体商品贝增产 28.7%～38.2%。

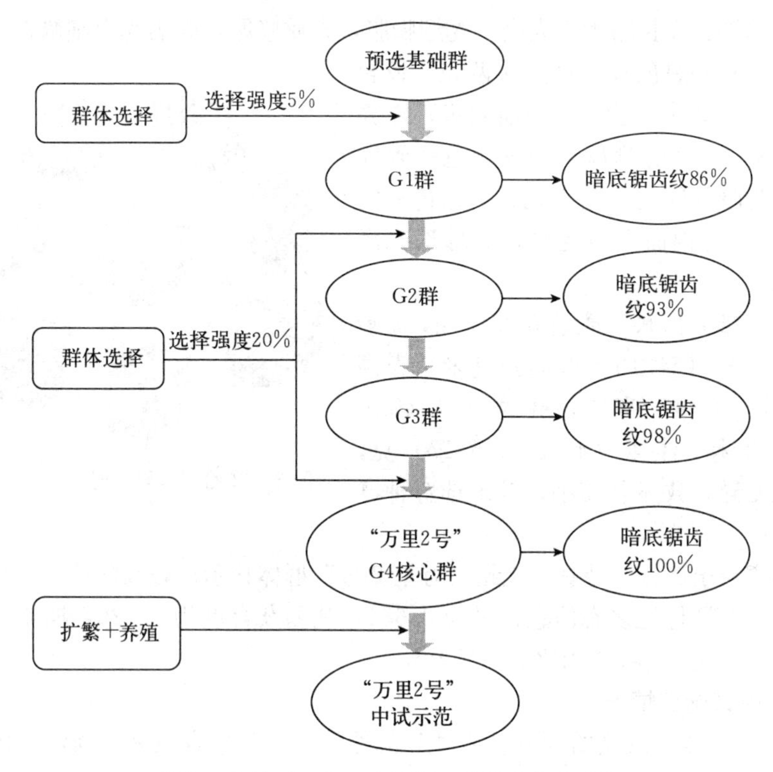

图 2　文蛤“万里 2 号”新品种培育技术路线

表 2　文蛤“万里 2 号”选育方法与遗传进展

选育代数	年　度	选育方法	留种规模与选择强度	遗传进展
G1	2006	群体选择	2 000 粒，5%	子代暗底锯齿纹个体比例 86%，增重 15.2%
G2	2008	群体选择	1 000 粒，20%	暗底锯齿纹个体比例 93%，增重 23.7%
G3	2010	群体选择	2 000 粒，20%	群选暗底锯齿纹个体比例 98%，增重 28.9%
G4	2012	核心群体	5 000 粒，20%	暗底锯齿纹个体比例 100%，增重 31.6%

（三）品种特性和中试情况

1. 新品种特征和优良性状

（1）形态特征　贝壳两壳大小近等，背缘略呈三角形，腹缘略呈圆形，壳顶倾向前端。壳长略大于壳高。壳型膨胀，壳质坚厚，壳表光滑细腻，铰合部宽，外面有一黑色外韧带连接两壳。铰合部宽，右壳 3 个主齿，2 个前侧齿；左壳 3 个主齿，1 个前侧齿。壳皮颜色一致度好，均为暗灰底色、锯齿花纹，遗传稳定性 100%；壳内面白色光亮，无珍珠光泽（图 3）。

图 3 文蛤"万里 2 号"外部形态

（2）经济性状 壳色花纹亮丽，2 龄平均贝壳长（51.16±6.04）毫米，壳高（42.87±3.19）毫米，壳宽（28.47±2.60）毫米，体重（40.30±5.67）克，各性状变异系数显著缩小，较未选育种群平均增产 34.8%。

（3）分子遗传学特征 文蛤"万里 2 号"群体显示出较高的遗传多样性和杂合度，SSR 标记多态信息含量为 0.684，观测杂合度为 0.626，期望杂合度为 0.739，与野生群体相比无明显差异。

2. 中试选点情况

自 2013 年开展文蛤"万里 2 号"苗种的规模化繁育以来，浙江省内外养殖户对这一新养殖品种表现出浓厚兴趣，订购选育的"万里 2 号"进行试养的订单大幅增加，试养结果普遍反映"万里 2 号"较未选育群体生长快、繁殖力高，可以提早上市销售、缩短养殖周期，并且养成的商品贝壳色亮丽，规格均匀，售价高，取得了较好的经济效益。

为了进一步准确了解文蛤"万里 2 号"的生产性能优势和经济效益，除供应一般养殖户之外，育种团队于 2014—2016 年在浙江宁波、温州，江苏南通、连云港等 4 个文蛤主产区挑选了 5 个在当地有较大影响力的水产企业，采用委托测试的办法开展了本品种的中间试验，为企业提供优质大规格苗种，并全程提供了养殖技术指导。选择的企业包括宁波地区的象山县东盛水产养殖有限公司、宁波市鄞州丹艳水产养殖基地，温州地区的温州海港湾水产养殖有限公司，江苏南通地区如东新兴水产品有限公司，江苏连云港地区的连云港海浪水产养殖有限公司，主要养殖模式为池塘虾贝混养。

3. 中试结果

（1）2013—2014 年文蛤"万里 2 号"中试示范 2013 年 10 月，在象山县东盛水产养殖有限公司的池塘和滩涂中放养文蛤"万里 2 号"苗种，放养规格为壳长（9.48±1.47）毫米、壳高（8.35±1.51）毫米，放养面积 200

亩，设对照养殖面积20亩，以山东群体未选育人工苗种同塘养殖作对比。11月6日，在宁波市鄞州丹艳水产养殖基地的池塘中对文蛤“万里2号”进行了养殖生产性能试验，放养苗种规格为壳长（11.21±2.23）毫米、壳高（10.19±1.87）毫米，放养面积90亩，设对照养殖面积10亩；同塘养殖对比。

经过13个月的养成（18月龄），文蛤全部达到商品规格。于2014年12月进行收获，并就文蛤“万里2号”和对照群体文蛤进行现场随机抽样，对壳色、壳长、壳高、壳宽和体重等经济性状进行测量和统计。结果显示，象山县东盛水产养殖有限公司的文蛤“万里2号”成体壳色呈明显的暗底锯齿花纹，比例高达100%，而对照群体壳色花纹多样，暗底锯齿花纹个体比例仅7.4%；文蛤“万里2号”生产性能良好，平均壳长48.74毫米、平均壳高39.31毫米、平均湿重27.62克，比对照组增产34.1%。鄞州丹艳水产养殖基地的文蛤“万里2号”暗底锯齿花纹壳色比例99.2%；生产性能为平均壳长42.63毫米、平均壳高35.02毫米、平均湿重26.07克，比对照组增产28.7%。综合来看，文蛤“万里2号”G4比同期对照群体平均增产31.4%（表3）。

表3　2013—2014年文蛤“万里2号”与对照组群体的生长情况比较

地区	底播日期	收获日期	品种	移苗规格			商品规格				增产率
				壳长（毫米）	壳宽（毫米）	壳高（毫米）	壳长（毫米）	壳宽（毫米）	壳高（毫米）	湿重（克）	
浙江象山	2013年10月12日	2014年12月	“万里2号”	9.48±1.47	5.05±1.73	8.35±1.51	48.74±5.19	22.59±1.63	39.31±2.75	27.62±5.38	34.1%
			对照组	8.52±2.07	3.39±0.83	7.74±1.63	38.15±7.73	20.54±2.08	33.94±3.21	20.59±7.42	
浙江鄞州	2013年11月6日	2014年12月	“万里2号”	12.18±1.93	5.52±1.03	10.59±1.77	42.63±4.96	21.91±2.22	35.02±2.41	26.07±4.23	28.7%
			对照组	10.03±2.40	5.11±1.26	9.41±1.98	39.48±7.34	21.12±2.97	31.74±3.85	20.26±4.4	

（2）2014—2016年文蛤“万里2号”中试示范　2014年9月，在象山县东陈乡象山东盛水产有限公司的池塘和滩涂中放养文蛤“万里2号”苗种，放养规格为壳长（7.62±1.67）毫米、壳高（6.14±1.45）毫米，放养面积360亩，设对照养殖面积40亩，播养山东群体未选育人工苗种同池养殖。在宁波市鄞州丹艳水产养殖基地的池塘中对文蛤“万里2号”进行了养殖生产性能试

验，放养苗种规格为壳长（7.62±1.67）毫米、壳高（6.14±1.45）毫米，放养面积80亩，设对照养殖面积20亩同池养殖。

经过21个月的养成（24月龄），文蛤达到商品规格。2016年5月进行收获，并就文蛤“万里2号”和对照群体文蛤现场随机抽样，对壳色、壳长、壳高、壳宽和体重等经济性状进行了测量和统计。结果显示，象山东盛水产有限公司的文蛤“万里2号”成体壳色呈明显的暗底锯齿花纹，比例高达100%；生产性能良好，平均壳长53.62毫米、平均壳高43.91毫米、平均湿重39.57克，比对照组增产38.2%。宁波市鄞州丹艳水产养殖基地的文蛤“万里2号”暗底锯齿花纹比例99.3%；生产性能为平均壳长48.61毫米、平均壳高41.82毫米、平均湿重38.22克，比对照组增产31.3%。综合来看，文蛤“万里2号”比同期对照群体平均增产34.8%，表现出明显的生长优势（表4）。

表4　2014—2016年文蛤“万里2号”与对照组群体的生长情况比较

地区	底播日期	收获日期	品种	播苗规格			商品规格				增产率
				壳长（毫米）	壳宽（毫米）	壳高（毫米）	壳长（毫米）	壳宽（毫米）	壳高（毫米）	湿重（克）	
浙江象山	2014年9月15日	2016年5月	“万里2号”	7.62±1.67	3.53±1.12	6.14±1.45	53.62±6.57	30.10±2.56	43.91±3.72	39.57±5.80	38.2%
			对照组	5.86±2.43	3.28±1.35	5.54±1.63	47.48±7.03	24.34±3.43	40.32±4.21	28.61±7.21	
浙江鄞州	2014年9月15日	2016年5月	“万里2号”	7.62±1.67	3.53±1.12	6.14±1.45	48.61±5.51	26.83±2.64	41.82±2.66	38.22±5.53	31.3%
			对照组	5.86±2.43	3.28±1.35	5.54±1.63	43.90±9.23	23.30±2.87	36.74±4.00	29.12±7.43	

自2013年开展文蛤“万里2号”中间试验以来，育种团队生产文蛤“万里2号”大规格苗种2.2亿粒，分别在浙江宁波、温州以及江苏南通、连云港地区等几家企业进行了中试养殖，养殖方式主要采用虾贝混养或蟹贝混养，有些企业还采用了冬春季塑料大棚内暂养和虾蟹塘肥水流水养殖等良法技术。2013—2016年三年累计养殖面积1 150亩，生产文蛤“万里2号”商品贝约2 200吨（图4），产值3 080多万元。试验养殖地区基本代表了华东地区的文蛤养殖，试验结果能够真实反映文蛤“万里2号”的养殖生产性能，养殖测试结果显示，文蛤“万里2号”新品种具有生长快速、养殖产量高、壳色花纹亮丽等优点，深受养殖户欢迎。

图4 文蛤“万里2号”2016年收获现场

二、人工繁殖技术

（一）亲本选择与培育

1. 亲贝挑选

在文蛤自然繁殖季节前，选择2～4龄群体作亲贝，要求壳长5厘米以上，壳型规则，无破损、无伤病、无寄生物；壳表色泽亮丽，具备典型的暗灰底色、锯齿花纹壳色特征；活力强、性腺发育较好。最好将亲贝放置于亲贝培育池或对虾养成池中进行强化催熟培养。

2. 人工培育方法

在文蛤自然繁殖季节前，将亲贝置于室内亲贝培育池内铺沙培育，沙粒直径1毫米以下，厚度10厘米以上。入池前，先洗刷去除亲贝壳上的污泥及附着物，并用20毫克/升高锰酸钾溶液消毒5～10分钟。采用升温和营养强化的促熟方法，将水体从自然水温逐渐升温至25～28℃，每日升温幅度为0.5～1.0℃。稳定培育期间温度，日变化幅度小于1.0℃。培育水体适宜盐度20～25，溶解氧≥5毫克/升，pH 7.8～8.5，氨氮≤0.1毫克/升。

培育期间，饵料以三角褐指藻、角毛藻、金藻、扁藻等适口单胞藻类为主，适量辅助投喂藻粉、酵母粉，少量多次投喂，水体理化因子尽量保持稳定，通过吸污的方式清除粪便或残饵以改良环境。依据亲贝数量、水温情况、饵料种类等，初步确定饵料的投喂量，然后通过不断观察亲贝的摄食情况、池底粪便和水体中的残饵料量进行调整。一般每天投喂4～5次，每次4万～5万细胞/毫升。培育前期，水温相对低，换水量在50%左右，也可采用倒池方式改良培育环境；中后期培育的换水量100%以上；在培育后期，贝类不能干露或被剧烈的水温或盐度变化等刺激，以免流产。亲贝培育过程中，通过测定肥满度和肉眼观察相结合的方式，定期观察性腺发育情况。至有效积温达到 1 900～2 000 ℃时，性腺发育成熟。此时，性腺饱满，遮盖整个内脏团，并延伸至足基部。亲贝摄食量突然减少，则预示着亲贝可能将产卵。

（二）人工繁殖

文蛤“万里 2 号”在浙江的自然繁殖季节在 6 月中旬到 7 月下旬，繁殖盛期在 6 月下旬到 7 月上旬。人工升温和营养强化催熟条件下，可以提前到 4—5 月产卵。每个繁殖期内可多次产卵。

1. 亲贝催产

采用阴干、流水刺激和升温相结合的方法催产。催产前，将亲贝冲洗干净，用浓度为 15～20 mg/L 高锰酸钾溶液浸泡消毒 3～5 分钟，用沙滤海水洗净。一般将亲贝白天阴干刺激 3～4 小时或夜间阴干 6～8 小时后，流水或充气刺激 1～3 小时，然后放入 27～30 ℃微充气海水中，比平时培育水温高 2～3 ℃，一般 1～2 小时后亲贝即可产卵、排精（图 5）。

图 5　文蛤“万里 2 号”人工催产

2. 幼虫孵化

孵化水温 28～32 ℃，孵化密度控制在 15～20 个/毫升。经过 12 小时，受精卵可发育到 D 形幼虫，优质的幼虫活动能力强、发育整齐、畸形少，孵化率达 90%以上。用 25～48 微米筛网排水收集与清洗 D 形幼虫，然后将其移入育苗池培育。

（三）苗种培育

1. 幼虫培育与选优技术

用文蛤常规幼虫培育的方法进行培育，注意适宜的幼虫密度、充足的饵料和适当的光照。培养池一般大小为30～50米^2，可蓄水高度1～1.5米。

（1）幼虫培育最适水温27～32℃，pH 7.5～8.5，盐度15～25。

（2）控制幼虫培育密度，D形幼虫为10～15个/毫升，壳顶幼虫培育密度5～10个/毫升。

（3）每天换水1次，日换水量100%以上，连续微量充气，每隔2～3天倒池一次。池中连续微量充气，充气石布置密度为1个/米^2，保持水体中溶解氧在5毫克/升以上。

（4）前期投喂以金藻为主，中后期可辅助投喂角毛藻或扁藻。前期投喂量为1万～5万细胞/毫升，中后期投喂量视水体颜色和幼虫肠胃饱满程度而定。壳顶幼虫期达到5万～6万细胞/毫升，日投喂3～4次。应使用处于指数生长期的单胞藻饵料，忌使用衰败的饵料。

（5）每日用显微镜观察幼虫活力、肠胃等情况，并测量幼虫生长情况。监测育苗池水常规水质因子变化，做好相关记录。

（6）可结合移池进行疏苗和幼虫选优，在浮游幼虫和眼点幼虫附着前进行选优，留取发育快、活力强、个体大的幼虫。

2. 稚贝培育技术

在饵料生物适口充足条件下，水温26℃时D形幼虫大约需要培育7天时间完成变态发育成为稚贝；水温28℃时D形幼虫大约需要培育5天时间完成变态发育成为稚贝；水温30℃时D形幼虫大约4天时间完成变态发育成为稚贝。

（1）初期稚贝培育密度一般控制在500万颗/米^{2}以内，随着稚贝的生长，逐渐降低培育密度。第一周可以在不铺沙的水泥池培养。稚贝壳长达到0.3毫米以上时，池底应铺设沙层（粒径330微米以下），厚度约3毫米。

（2）每日换水一次，日换水量100%以上。每隔4日倒池一次。

（3）饵料以金藻、角毛藻、扁藻为主，混合投喂最佳。投喂量视稚贝肠胃颜色和水体颜色而定。

（4）每日观察稚贝活力、肠胃饱满程度，测量稚贝生长情况；监测水质常规因子，并做好日常记录。

3. 池塘大规格苗种培育技术

当文蛤稚贝壳长生长至1毫米以上时，由于稚贝摄食饵料强度增强、水温升高，室内培养人工饵料难度加大。此时就应移至室外，进行苗种的池塘中间培育阶段。

（1）*清塘消毒*　放养前清除塘内淤泥，调节底质含沙量至70%以上（可铺细沙5厘米），用生石灰（0.5～1千克/米^2）或漂白粉（15～30克/米^2）消毒，并用80目筛网过滤海水冲洗。

（2）播苗　放养时，水深 20 厘米左右，干撒或掺海水泼洒。苗规格较小的，可用 5～10 倍量的干净的细沙与苗种搅拌均匀。较大苗种不需要拌细沙，可直接播撒。播苗时间以阴凉天或晴天的早晨为宜，酷热天或大雨天不宜放苗，放苗后尽快进水。

（3）投苗密度　壳长为 1.0～2.0 毫米（30 万～100 万颗/千克），放养密度 3 000～6 000 颗/$米^2$；壳长为 2.0～5.0 毫米（4 万～30 万颗/千克），放养密度 1 000～3 000 颗/$米^2$。

（4）饵料调控　水色以浅茶色或浅绿色为宜。透明度以 30～40 厘米为宜。当透明度低于 30 厘米时，加大换水量；当透明度超过 40 厘米时，可施肥或加入虾塘水、鱼塘水调节。施肥用 1 mg/L 的复合肥或尿素：过磷酸钙（2：1），泼洒于水面上。

（5）水质管理　根据温度调节水深至 70～100 厘米；定时检测温度、盐度、pH、溶解氧等水质指标，水环境控制在盐度 15～30，pH 7.8～8.5，溶解氧≥4 毫克/升，氨氮≤0.2 毫克/升。必要时打开增氧机进行增氧。

（6）日常管理　定期取样检查苗种的摄食和生长情况；根据苗种生长情况，适时疏苗分养；暴雨过后要及时更换新水；在暂养过程中，进行适当的干露，有益于苗种的生长。选择大潮汛时排干塘水，露出滩面，检查和清除敌害生物，及时清理浒苔和敌害生物。

三、健康养殖技术

（一）健康养殖（生态养殖）模式和配套技术

1. 适宜养殖的条件

文蛤“万里 2 号”适合在浙江、山东、江苏等地沿海滩涂和池塘养殖。适宜养殖的条件介绍如下。

（1）场地条件　风浪小，潮流畅通，有淡水注入、底质较稳定的沙滩、潮沟等。潮位以中、低潮为宜，尤以小潮干潮线附近最好。

（2）底质条件　滩面平坦宽广，泥沙底，含沙量 50%以上。沙粒以细沙、粉沙为好。滩涂底质稳定，无大量腐殖质。

（3）海水条件　无工业污水注入或污染的海区。

2. 主要养殖模式配套技术

文蛤“万里 2 号”的主要养殖方式有滩涂围网养殖、池塘与虾蟹综合养殖等。

(1) 文蛤池塘健康养殖技术

① 养殖池塘准备。池塘面积以1～2公顷为宜。养殖塘开设环沟，沟深约50厘米，中央为滩面。面积较大的池塘还需设中央沟。中央滩面蓄水深度可达50～100厘米。池塘沙泥质，含沙量最好60%以上，细沙粒径为0.25～1.00毫米，若含沙量不到60%，需人工铺沙，厚度5～10厘米。实养面积为池塘面积的25%～35%，在养殖区设置1.0～1.5米高的聚乙烯网，围网孔径为1～2厘米。每口塘分别设置独立的进、排水设施。

新塘在塘底平整或铺上细沙后，曝晒数天；老塘需清淤，再翻土，深度20～30厘米，曝晒，平整。池塘整理后，进水之前用生石灰或漂白粉等进行消毒。生石灰用量为0.5～1.0千克/米^2，用水化开后，立即全池泼洒；漂白粉（有效氯超过30%）用量为10～30克/米^2，制成悬浮液全池泼洒。消毒24小时后进排水2～3次，冲洗残留药物。

根据养殖塘内的水色，施加有机肥或无机肥，使水体保持浅茶色或浅绿色。

② 苗种放养。文蛤苗种要求健康、无病害，壳长≥0.5厘米。放养时间为3—5月。放养密度见表5。选择晴朗天气，滩面水位20～30厘米时播苗。将贝苗均匀地播撒在养殖滩面上。

表5　苗种放养密度

壳长规格L（厘米）	数量规格（颗/千克）	放养密度（克/米^2）
2.0≤L≤3.0	200～600	300～600
1.0≤L<2.0	600～4 000	60～300
0.5≤L<1.0	4 000～30 000	15～60

③ 养成管理。定期测定水环境因子，并通过加换水等措施，使水环境符合要求。连续暴雨期或高温期应尽量蓄高水位。水色以浅茶色或浅绿色为宜。透明度以30～40厘米为宜，当透明度低于30厘米时，加大换水量；当透明度超过40厘米时，可施肥或追肥培养饵料。肥料以发酵过的粪肥或无机肥为宜。

选择大潮期，排干塘水，露出滩面，检查和清除敌害生物如甲壳类、腹足类、野杂鱼等；检查围网设施是否完好，并清洗围网上附着生物。杂藻或浒苔大量繁殖时，用药物或人工进行清除。定期用15～20毫克/千克生石灰等消毒杀菌药物预防疾病，用药必须符合《无公害食品　渔药使用准则》的规定。定期测定记录天气、水质、文蛤生长、药物使用、管理措施等。

（2）滩涂围网养殖技术

① 养殖滩涂准备。选择风浪小、潮流畅通、滩面平坦、底质稳定、含沙量大于50%的滩涂作为文蛤养成场地。由于文蛤有随潮流移动的习性，故应在潮位低一侧设置围网。围网高度为80～100厘米，网目为2～2.5厘米，放置时将网高的一半埋入沙里，一半露出滩面，并用竹竿或木桩撑起固定。

② 苗种放养。选择健康无病、活力良好的苗种，壳长1厘米以上。待滩面水位20～30厘米时，将贝苗均匀播撒在养殖滩面上。放养密度要根据贝苗规格大小和海区肥沃程度而定。一般壳长1厘米的苗种，每亩放养10～20千克；壳长1.5厘米的苗种，每亩放养100～150千克。若海区饵料丰富，或敌害严重、死亡率大时，要增加苗种放养量，反之则减少。

③ 养成管理。经常检查修整围网设施，并清洗围网上的附着生物。大潮或大风后，文蛤往往被风浪打成堆，要及时疏散，以免引起大批死亡。定期检查和清除敌害生物，如甲壳类、腹足类、野杂鱼、杂藻或浒苔等。

（3）贝虾综合养殖技术

1）场址选择和池塘准备

① 场址选择。选择自然纳潮，进、排水方便，盐度15～30，pH 7.8～8.6的沿海地区。

② 池塘准备。池塘深度1.5米以上，堤坝坡比以1：（2～3）为宜。每口塘设置独立的进、排水设施。池内建环沟和埕面，涂面以泥沙质、沙泥质为宜。根据池塘大小，在离堤1～3米处开挖宽1～5米、深0.5～1米的环沟。

排干池水，涂面翻耕20～25厘米，经霜冻和曝晒，使泥土疏松；平整池底，建2～5米宽的埕面，两埕间开挖宽0.5～1.0米、深0.2米左右的浅沟，埕面积一般为池塘面积的25%～35%。埕面以泥沙质、沙泥质为宜，若为泥质则铺以10厘米左右厚细沙。在实施池塘进水前，安装好闸门滤网，并检查网框缝隙是否堵塞严密。进水网采用由聚乙烯网布制作的袖子网，排水网采用聚乙烯网布制成弧形围网，网目均为60目。

一般在3月前，首次进水至0.7～1.2米，淹过涂面，浸泡1～2天后将池水排出，再次进水淹过涂面0.2～0.4米，用漂白粉30毫克/千克进行池水消毒。在播贝苗前7～10天，采用生物有机肥培育基础饵料，使水色呈黄绿色或黄褐色，透明度0.3～0.4米，并视水色情况适量注水或施追肥。

2）苗种放养

① 苗种要求。文蛤“万里2号”苗要求大小均匀，活力强；壳色为典型的暗灰底色、锯齿花纹；无病无伤，破损率低，受震动时两壳紧闭，无张口；置于滩面很快伸足，钻入泥中，并尽量缩短中途运输时间。虾类一般选择凡纳滨对虾或日本对虾。对虾苗要求体长0.9～1.0厘米，规格整齐，体表光洁，

弹跳有力，健康无病，逆水游动力强，经检疫确定的优质苗种或SPF苗种。

② 放养要求。通常先放文蛤苗，后放虾苗，根据池塘水温和生产安排，一般间隔15～30天。文蛤放苗时间为3月中旬至4月上旬，肥水后放苗。对虾苗宜在4月下旬至5月上旬放苗，一般根据潮汐和生产进度确定具体放养时间。放养文蛤苗规格140～200颗/千克，放养密度为200～250颗/米^2（实养面积密度），将贝苗均匀地播撒在埕面上，不要撒到环沟中；凡纳滨对虾放养30万～45万尾/公顷，日本对虾放养15万～22.5万尾/公顷。

3）养殖管理

① 水质调节。6月之前只加水，不换水，保持水深0.8～1米；6月，水温逐渐升高，水位添至1～1.2米后开始少量换水，一般每次换水10%～20%，保持透明度0.3～0.4米。7月水位添至1.2～1.5米，同时加大换水量，每次换水30%～40%，直至9月底。10月，要保持水环境稳定，换水量不宜过大，控制在20%以下。11月上旬换水量5%～10%。水温降至10℃以下，基本不再换水，保持最高水位，蓄水保温；养殖期间不定期使用底质改良剂和有益菌。

② 饲料投喂。文蛤滤食水中浮游生物、有机碎屑，无需单独投喂饲料。对虾放苗后以池中基础饵料为食，不需立即投喂，此后可根据水质或基础饵料情况适当投喂，一般放苗3周后每天投喂虾总体重5%～7%的专用配合饲料，每天早上和傍晚各投喂1次。

③ 养殖记录。养殖期间每7～10天测定一次水温、盐度、pH、溶解氧、透明度等理化指标，同时观察虾贝的生长情况，判断生长是否正常。高温、汛期和收获季节每天测量上述指标。

④ 病害防治。在疫病流行期间，应采取预防措施，做到以防为主，防治结合；提倡采用生态防病技术控制疾病发生，使用微生态制剂调控养殖水环境。

文蛤在11月前后，规格达到壳长5厘米以上时收获。凡纳滨对虾根据养殖种类确定具体收获时间。一般对虾放苗后3个月，规格达到40～80尾/千克时，可利用地笼网进行收获；日本对虾根据生长情况随时采用罾网进行收获。

（二）主要病害防治方法

1. 文蛤弧菌病

病因主要为溶血弧菌或弗尼斯弧菌感染。

（1）*主要症状* 文蛤爬出泥沙滩面，潜埋无力，停止摄食，严重时双壳开闭无力或张开死亡。剖开文蛤有较多水在体内，软体组织水肿，有淡红色或红色液体流出。斧足边缘残缺或锯齿状，溃烂后软体组织呈浅黑色。

（2）流行季节　流行季节为 8—11 月，尤其是 9—10 月，死亡高峰多在小潮期。

（3）预防方法　① 定期消毒，用二溴海因 0.2 mg/L 全池泼洒或季铵盐类药液 0.2 mg/L 全池泼洒。②定期换水，改善池塘底质及水质。③用生物制剂如光合细菌、酵母菌、芽孢杆菌等调节水质。

（4）治疗方法　①用二溴海因或季铵碘盐 0.3 mg/L 全池泼洒，次日排干水体，滩面用“氨净”＋增氧剂或“底净宝”2～3 mg/L 泼洒以改善底质。②环丙沙星 0.5 mg/L＋食母生 1 mg/L＋沸石粉 10 mg/L 用喷雾器喷洒滩面，后加水 10 厘米左右，连续投 3～5 天至治愈为止。

2. 文蛤“红肉病”

病因为类立克次体及病毒感染。病原主要存在于鳃、外套膜和消化盲囊的上皮细胞及结缔组织细胞质中，呈球形或椭球形，大小为 50～180 纳米。

（1）主要症状　文蛤摄食下降，运动能力迟缓，软体部为淡红色或橘红色等。患病文蛤组织结构紊乱，上皮膨大、脱落，鳃、外套膜、消化盲囊、性腺等组织都表现出明显的病理学变化。具体表现为：①鳃丝排列紊乱，上皮细胞变形、脱落；②足上皮排列紊乱，黏液细胞增多，肌纤维溶解；闭壳肌组织排列疏松、结缔组织增生；③外套膜上皮排列紊乱，黏液细胞增多、嗜碱性增强，结缔组织细胞质中含有大量嗜酸性颗粒；④肠上皮肿胀，纤毛脱落，肌肉紊乱，结缔组织增生等；严重者肠上皮出现大面积的脱落溃散现象；⑤生殖腺萎缩，滤泡不规则，生殖细胞退化。

（2）流行季节　通常发生于 3～4 龄贝，1～2 龄贝也有发生，流行季节为夏秋季节。病菌普遍存在于海区，当外界条件剧变时（如干旱、高温等），病菌量猛增，加上文蛤对环境突变产生不适反应，免疫力下降，易引发病变甚至死亡。

（3）防治方法　重在预防，养殖过程中要注意消毒和保持水质。外用二氧化氯＋季铵碘盐全池泼洒有很好的预防作用。如果发病，可使用“病毒灵”“抗毒净”等药物治疗。

四、育种和种苗供应单位

（一）育种单位

浙江万里学院

地址和邮编：宁波市鄞州区钱湖南路 8 号，315100

联系人：林志华、董迎辉
电话：15067427560，15067427669

（二）种苗供应单位

温岭市龙王水产开发有限公司
地址和邮编：浙江省温岭市城南镇湾塘，317515
联系人：徐礼明
联系方式：13906566809

（三）编写人员名单

林志华，董迎辉，何琳。

缢蛏“申浙1号”

一、品种概况

（一）培育背景

缢蛏（*Sinonovacula constricta* ）隶属于软体动物门（Mollusca）、瓣鳃纲（Lamellibranchia）、异齿亚纲（Heterodonta）、帘蛤目（Veneroida）、竹蛏科（Solenidae）、缢蛏属（*Sinonovacula*），为典型的广温广盐性贝类，是我国四大海水养殖贝类之一，年产量80多万吨，年产值达160亿，养殖面积近5.8万公顷。由于缢蛏壳薄肉多，味道鲜美，营养价值高，深受消费者喜爱，市场供不应求。

缢蛏养殖历史悠久，随着贝类育苗技术的发展，缢蛏苗种由半人工采苗发展到以人工育苗为主、半人工采苗为辅的状态。多年的人工育苗，亲贝选用不当与频繁近交等问题已导致缢蛏遗传多样性降低，引起缢蛏种质资源的退化。近年来，缢蛏1龄养殖个体普遍较小，2龄蛏养殖成本较高，养殖效益欠佳，市场上尚未有人工选育的缢蛏良种。

为此，人工选育出生长速度快、个体大、个体重、成活率高，可一年养成大规格蛏上市的缢蛏新品种，成为推动缢蛏养殖产业高质量发展的重要途径。

（二）育种过程

1. 亲本来源

2006—2008年，开展了缢蛏6个野生群体（江苏射阳、上海崇明、浙江乐清和象山、福建霞浦和长乐）种质评估，结果表明乐清群体的遗传多样性丰富，且具有明显的生长优势，确定选择遗传多样性丰富、生长优势明显的浙江乐清野生群体为缢蛏良种选育的基础群体。

2008年，从浙江乐清野生群体中随机抽取1 200个成体，通过壳长大小排列后留取前120个，作为选育系F0的后备亲本，共繁育60个个体，留种率5%。

2. 选育过程

采用群体定向选育的方法，以个体大、个体重、成活率高为选育指标，开展缢蛏良种系统选育。经过连续5代的继代选育及定向纯化、生长性状选择反应及其现实遗传力估算、遗传多样性分析，获得了生长优势明显、遗传稳定的优质高产的缢蛏“申浙1号”新品种。

选育路线见图1。

图1　缢蛏“中浙1号”选育技术路线

（三）品种特性和中试情况

1. 品种特性

缢蛏“申浙1号”具有生长速度快、成活率高、抗逆性强等优点，生长性状可以稳定遗传。在相同养殖条件下，缢蛏“申浙1号”的壳长、鲜重与成活率比普通对照组分别提高至少17.4%、38.2%和9.7%，其适应海区范围广，可在我国的浙江、福建、江苏和广东等沿海滩涂和海水池塘养殖。

2. 中试情况

2015年和2016年，共培育缢蛏“申浙1号”苗种约12亿粒，分别在浙江宁海、三门和江苏连云港等地进行试验养殖2500多亩。在中试和生产性对比试验中，缢蛏“申浙1号”成活率优势明显，生长优势显著，其壳长、鲜重与成活率比普通对照组分别提高 17.4%～20.0%、38.2%～47.2%和 9.7%～15.3%。

二、人工繁殖技术

（一）亲本选择与培育

缢蛏“申浙 1 号”的亲贝为 1 龄或 2 龄个体，为缩短养殖周期，常采用在广东、福建等南方沿海养殖的个体作为每年 8 月育苗初期的亲贝，浙江沿海地区池塘养殖的 1 龄大规格个体多用作 10 月后期育苗的亲贝。采卵排精的亲贝，多挑选壳长 6 厘米以上、外观规整、体质强壮、性腺发育饱满、成熟度好的缢蛏“申浙 1 号”。

（二）人工繁殖

缢蛏“申浙 1 号”有效的催产方法是阴干与流水刺激相结合，先将亲贝阴干 6～8 小时，然后再将亲贝移入循环池底或吊挂于池中进行 3～4 小时的充氧、调光，模拟流水刺激后就可以产卵，催产的有效率为 50%～90%。如果 6:00 以后不见产卵即无效。若产卵量低，第二天可用上述方法再催产一次，其产卵率可提高到 95%以上。催产时的适宜水温为 21～25 ℃。0.5 千克性腺饱满的亲蛏，催产 1 次可获 3 000 万～7 000 万个担轮幼虫。亲贝密度以 1～1.5 千克/米^3 较为合适。亲贝运输过程中使用冰块降温，既能保活，又可发挥阴干刺激的作用；亲贝运达后若光照条件合适，则可直接进行催产以提高生产的时效性。

（三）苗种培育

1. 幼虫培育

缢蛏“申浙 1 号”浮游幼虫（担轮幼虫）入池密度以 10～20 个/毫升为宜，最多不超过 30 个/毫升。D 形幼虫最初能靠其自身卵黄营养，一般经过 16～24 小时后开始投喂饵料，开口饵料以金藻类为好，不仅 D 形幼虫成活率高，而且生长也快。刚开始时金藻的日投饵量为 1 万～2 万个/毫升，以后每天增加 1 万个/毫升，待壳长到 100～160 微米时，投喂金藻 5 万个/毫升。壳顶后期仍以投喂金藻为主，加投牟氏角毛藻（0.5 万～1 万个/毫升）及扁藻等，此后逐渐转变为以投喂牟氏角毛藻为主，每日投饵 3～4 次，具体投喂量应视实际观察结果而定。

2. 稚贝培育

缢蛏“申浙 1 号”幼虫变态期和稚贝培育期均需要及时投放附着质，调理好育苗池底。一般把塘堤外自然滩涂上无污染、涂表平滑光亮的活性泥（底栖硅藻丰富）刮捞上来，经过阳光充分曝晒干燥或者烘干成饼，碾碎成粉状或入水用200目筛网过滤后均匀地撒入水池中，使之沉淀池底，底泥的厚度以3～5毫米为宜。附着后的稚贝在培育池底分布密度为（60～220）×10^4个/$米^2$。水温20～23℃，盐度20～24，日换水量掌握在100%～200%，饵料投喂以硅藻、扁藻为主，日投喂量为牟氏角毛藻（6～8）×10^4个/毫升，扁藻（0.4～0.7）×10^4个/毫升，分多次投喂效果极佳。

3. 室外二级培育

缢蛏“申浙1号”在室内水泥池一级培育至500～800微米时，幼苗壳形近似成贝壳形即可及时出池，转移到室外土池培养。二级培养土池（越冬暂养塘）位置选择及规格：

（1）*二级培养土池的位置选择*　应根据不同季节和出苗早迟而定，室内池培育的幼苗若立冬前后出池的，要暂养在高潮区，即小水潮1～2天涨不到的地方；小雪至大雪期间的幼苗应暂养在中潮区上段，即首批室内幼苗出池越冬暂养塘的下段70～80米距离内。

（2）*二级培养池（土塘）建造规格*　一般长16～20米，宽7～8米，面积1/10亩左右，平均挖出塘泥20～30厘米，堆在四周筑堤；土堤坝基宽1～1.2米，顶部宽0.35～0.40米，高0.6～0.7米，保持坡面光滑，并在涨潮一端开一宽1米左右的进、出水口。若涂面倾斜度过大，堤坝可适当缩小，但上横堤坝一定要比下横堤坝略高一些，以免退潮时被水流冲塌。移入稚贝的密度一般为（50～60）×10^4颗/$米^2$。越冬暂养池冬季蓄水深35～45厘米，春季培养的水深为20～30厘米。

三、健康养殖技术

（一）健康养殖（生态养殖）模式和配套技术

1. 适宜的养殖场所

缢蛏“申浙1号”应选择在风浪小、滩涂平坦的内湾养殖，以中潮区上部到高潮区下部为宜，底质以泥质和不漏水的泥沙质较好。如能引入淡水调节海区或池内海水密度，则对缢蛏“申浙1号”生长更为有利。

2. 养殖模式和配套养殖技术

（1）*整埕*　养殖缢蛏“申浙1号”的池塘环沟以内，埕面翻整成宽3.5米、高35厘米、长度随池塘规格而异的软泥蛏条。滩涂蛏埕的畦宽3～5

米，长 10～20 米，之间挖宽 30～40 厘米的水沟，可连成一片。蛏埕方向一般与海岸线垂直，由高到低，以利排水。埕面整理成畦后，经耙细、抹光后便可播苗。

（2）播苗

① 播苗时间。缢蛏“申浙 1 号”蓄水养殖的播苗时间较滩涂养殖的迟 1～2 个月，最迟可在清明，北方可至谷雨。1 龄大规格蛏养殖的播苗时间最晚为元宵节前。

② 播苗方法。缢蛏“申浙 1 号”蓄水养殖的蛏埕较窄，播苗宜采用撒播法。

③ 播苗密度。由于播的缢蛏“申浙 1 号”苗个体较大（4 000 粒/千克左右），滩涂蓄水养殖中敌害生物较少，蛏苗的成活率高，每亩播苗量 20 万粒左右，约为滩涂增养殖的 1/2。以缢蛏“申浙 1 号”为主，虾、鱼、蟹为辅的池塘生态养殖 1 龄大规格成蛏的，每亩播苗量 6 万粒左右；高 30 厘米、宽 3.5 米的蛏条（长度随池形而变）约占池塘总面积的 1/4，须配备增氧机；合理高密度播苗可降低成蛏采挖成本，提高经济效益。

（二）主要病害防治方法

1. 不同养殖阶段病害和敌害生物

（1）育苗阶段　缢蛏“申浙 1 号”幼虫培育阶段的病害有病毒性疾病、细菌性疾病［褐圈病、弧菌病、褐（红）壳病］、真菌性疾病（黑壳病），敌害生物有聚缩虫、桡足类、扁虫、沙蚕和海稚虫、黑荞麦蛤等。

（2）土池中间育成阶段　缢蛏“申浙 1 号”土池中间育成阶段的主要敌害生物有浒苔、黑荞麦蛤、沙蚕及海稚虫、虾蟹、螺类（包括脉红螺、扁玉螺、泥螺等）、海葵、海星、鱼类（主要有鰕虎鱼和鲽科鱼类）、鸟类（主要是海鸥和海鸭）等。

（3）养成阶段　缢蛏“申浙 1 号”养成阶段的主要敌害生物有虾、蟹、螺类（包括脉红螺、扁玉螺、泥螺等）、海葵、海星、鱼类（主要有鰕虎鱼和鲽科鱼类）、鸟类（主要是海鸥和海鸭）等。

2. 防治方法

育苗阶段的病害可用大蒜和国家允许使用的抗生素进行防治，敌害生物的防治方法主要是加强水的过滤。土池中间育成阶段的敌害生物主要用生石灰、漂白粉清池，降低水的透明度和人工捞取等方法加以预防和清除。海区养成和池塘生态养殖阶段的敌害防治主要采用人工清除法。

四、育种和种苗供应单位

（一）育种单位

1. 上海海洋大学

地址和邮编：上海市浦东新区沪城环路999号，201306
联系人：沈和定
联系电话：021－61900446；13371935281

2. 三门东航水产育苗科技有限公司

地址和邮编：浙江省三门县健跳镇六横公路，317100
联系人：王成东
电话：13676695656

（二）种苗供应单位

单位和联系方式同育种单位。

（三）编写人员名单

李家乐，沈和定，牛东红，白志毅，王成东，王杰。

刺参“安源1号”

一、品种概况

（一）培育背景

刺参（*Apostichopus japonicus*，英文名 Selenka）产于我国辽宁、山东、河北、江苏等沿海地区，在俄罗斯远东、日本和朝鲜半岛沿海也有分布，是我国的海珍品之一，不仅营养价值丰富，而且具有良好的药用价值。

目前刺参已经成为我国海水养殖的主要种类之一，增养殖面积 300 多万亩，刺参捕捞和增养殖产量大幅度提高，从 2004 年的近 3 万吨，发展到 2016 年的 20.4 万吨。但目前刺参池塘养殖单产仍然较低，从 2004 年春天开始，养殖的刺参陆续出现大规模死亡现象，近年来死亡现象仍时有发生，给产业带来巨大损失。其原因主要是良种缺乏、病害严重、环境不良和养殖技术落后等，严重影响了刺参养殖业的持续、健康、稳定发展。其中，最主要的原因是良种的缺乏。目前刺参增养殖生产用种多为野生种，生长速度缓慢、抗逆性较差，而且长期的人工自繁导致种质严重退化，市场对良种需求强烈。

生长速度是刺参重要的经济性状，直接影响到刺参养殖业的经济效益。刺参的“刺”越多，其体壁（食用的主要部分）随之也厚，出肉率也高，同时，营养价值也越高。在传统消费市场上，消费者往往根据海参是否有“刺”以及“刺”的多少来选购海参，刺参历来是市场上的上品，特别是刺多、刺长、体壁（肉）厚的刺参更是上品中的极品，价格更高。因此，刺参一个重要的育种目标就是培育刺多、体壁厚、出肉率高的品种。

刺参“安源 1 号”是以体重、疣足数量、出肉率作为选育的主要目标性状而选育出的新品种。

（二）育种过程

1. 亲本来源

以“水院 1 号”待审群体作为刺参“安源 1 号”新品种的候选亲本。经群体选择，选择“水院 1 号”待审群体中疣足数量在 50 个以上、生长速度快的亲本作为群体选育的育种基础群体。

2. 技术路线

以疣足数量和体重作为亲本选择的标准，每两年进行一次群体选育。至 2014 年进行了连续 4 代的群体选育，形成了疣足数量多、生长速度快的刺参新品种，将其暂命名为刺参“安源 1 号”，2014—2017 年对新品种进行了连续生产性养殖对比试验。选育技术路线见图 1。

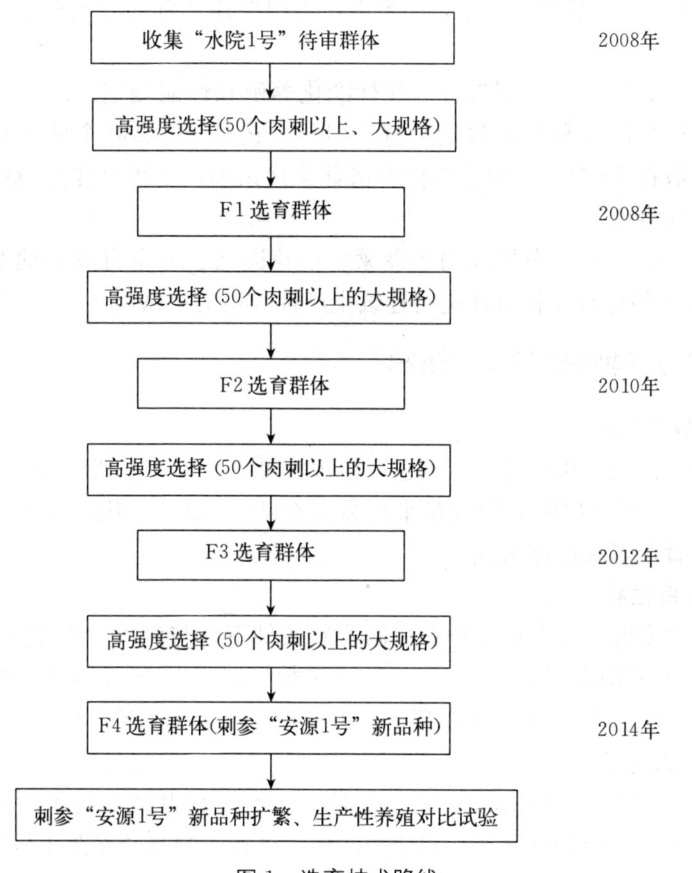

图 1　选育技术路线

3. 选育过程

采用群体选育的方法，经过连续 4 代的选育得到刺参“安源 1 号”新品种。

2008 年以大连“水院 1 号”待审群体作为群体选育的育种基础群，选择个体大、疣足多（50 个以上）的 350 个亲参（留种率不高于百分之一），采用群体选育的方式进行了群体选择育种，构建了多刺选育 1 代群体，并进行了养殖。

2008—2010 年，开展选育 1 代群体的标准化养殖和性能测定。

2010 年 5 月，以生长性状和疣足数量为选育目标，选择了 268 头体重在 200 克以上，疣足数在 50 个以上的亲参作为选育 2 代亲本（留种率不高于百分之一），采用群体选育的方式构建了多刺选育 2 代群体。

2010—2012 年，开展选育 2 代标准化养殖，并进行了性能测定。2012 年，以生长性状和疣足数量为选育目标，选择了 785 头体重在 200 克以上，疣足数在 50 个以上的亲参作为选育 3 代亲本，采用群体选育的方式构建了两批选育 3 代群体。

2012—2017 年，开展选育 3 代标准化养殖和性能测定。2014—2016 年每年 5 月以生长性状和疣足数量为选育目标，选择了 1 280 个体重在 200 克以上，疣足数在 50 个以上的亲参作为选育 4 代亲本，采用群体选育的方法构建了选育 4 代群体。

2014—2017 年，分别在山东蓬莱、福建霞浦、山东青岛等地对 2014 年、2015 年育成的选育 4 代群体进行连续生产性养殖对比试验。

（三）品种特性和中试情况

1. 品种特性

体表呈褐色、黑褐色、黄褐色，体表疣足（肉刺）排列成比较规则的 6 行（6 排刺），一般突出明显的疣足平均数量在 45 个以上，疣足长度较长，末端较尖细，骨片以桌形体为主。

2. 优良性状

刺参"安源 1 号"新品种在相同养殖条件下，与刺参"水院 1 号"相比，24 月龄体重平均提高 10.16%，平均疣足数量稳定在 45 个以上，疣足数量平均提高 12.8%。该品种适宜在辽宁、山东和福建沿海养殖。

3. 中试情况

2014 年开始陆续在山东、福建等地对选育 4 代群体进行了示范养殖和中试。其中 2015 年和 2016 年在福建霞浦地区进行了刺参"安源 1 号"新品种的养殖中试，两年共投放苗种 4 万千克，共养殖新品种 34 000 笼。2014 年开始在山东青岛小口子海域开展了刺参"安源 1 号"新品种的海上网箱养殖，中试养殖面积为 700 亩，先后投放苗种 15 万千克。2014 年开始在山东莱州、青岛、烟台地区开展了刺参"安源 1 号"新品种的池塘养殖中间试验，养殖面积近3 000 亩。

中试结果表明，刺参"安源 1 号"新品种疣足数量和生长速度明显优于普通商品苗种。新品种刺参疣足数量多、加工出肉率高，受到加工企业的欢迎，市场反映良好，商品价格较普通商品苗种高，经济效益显著。

二、人工繁殖技术

(一) 亲本选择与培育

1. 亲本来源

从刺参“安源1号”的留种群体中，选择体长大于20厘米，体重大于250克，活力强，无损伤的个体作为亲参用于人工繁殖。

2. 亲参的暂养

采捕自然成熟的个体作为亲参的，需暂养5～7天。暂养期间亲参的密度应控制在20头/米^{3}以下。暂养期间不投饵，每日早、晚各换水1次，换水量为池水容积的1/3～1/2，换水时应及时清除池底污物及粪便和已排脏的个体，或每晚清池1次。

3. 人工催熟

为提前进行人工育苗，当年培育大规格的苗种，可提前采捕未成熟的亲体进行人工催熟。

(1) 温度控制　亲参入池后前3天不要升温，待其生活稳定后，每日升温1℃。当温度升至13～16℃时应恒温培育，直至采卵前10～20天，将水温升至17～19℃进行培养。当积温达到800～1 200℃时，亲参的性腺能够成熟并自然排放。

(2) 投饵　饵料可以用天然饵料，也可以用人工配合饲料，人工配合饲料应符合渔业水质标准的规定。日投饵量为亲参体重的3%～10%。

(3) 水质控制　水温在10℃前每日换水1次，10天倒池1次；水温10～15℃每天全量换水2次，每隔7天倒池1次；16℃后，每天换水1次，每次换水时留30厘米深的水，避免亲参的干露，7天倒池1次。

(二) 人工繁殖

1. 人工催产

采用阴干与流水刺激结合的方法催产，阴干45～60分钟，流水刺激30～60分钟。

2. 孵化

(1) 孵化密度　受精卵的孵化密度不大于10粒/毫升。

(2) 孵化条件　水温在18～25℃，盐度26～32，孵化海水或新加入的海水与受精时海水或原孵化水的水温温差不应超过3℃。

(3) 搅池　在孵化过程中用搅耙每隔30～60分钟搅动1次池水。搅动时要上下搅动，不要使池水形成漩涡导致受精卵旋转集中。

（三）苗种培育

1. 幼虫选优

幼虫发育到初耳幼体时，应及时选优：将浮于中上层的幼体选入培育池中进行培育，采用拖网法、虹吸法和浓缩法进行选优。

2. 浮游幼体培育

（1）培育密度　幼体的培育密度控制在 0.2～0.5 个/毫升。

（2）水质控制　可在选优后将培育池加 1/2 的水，前 3～5 天逐渐把水加满，培育后期每天 1～2 次换水，每次换水 1/2；也可选优后直接将培育池加满水，培育早期（1～3 天）水质状况好可不换水，培育后期每天 1～2 次换水，每次换水 1/2。

（3）投饵　投喂角毛藻、盐藻和海洋酵母，每日 2～4 次，日投饵量 2 万～4 万细胞/毫升。在具体的育苗实践中，应根据幼虫的密度、摄食情况等因素确定实际投饵量。

（4）充气或搅池　采取微充气的方式，每 3～5 米^2 一个气石；或采用搅池的方法，0.5～1.0 小时搅池 1 次。

（5）吸底和倒池　应视幼体发育情况，采用吸底或倒池的方法改善水质。

（6）培育条件　水温 20～24 ℃，溶解氧 3.5 毫克/升，盐度在 26～32，光照 500～1 500 勒克斯。水质应符合渔业水质标准要求。

3. 稚幼参培育

（1）附着基的选择与处理　附着基一般采用透明聚乙烯波纹板及聚乙烯网片。附着基在投放前应先清洗干净，有条件的应在附着基接种底栖硅藻。

（2）附着基的投放　一般在大耳状幼体后期或幼体中已有 20%左右变态为樽形幼体时投放。

（3）附着密度　控制在 1 头/厘米^2 以内。

（4）饵料种类　饵料可以选择底栖硅藻、大叶藻或鼠尾藻等大型藻类的磨碎液，海泥，人工配合饲料等。

（5）充气　稚参附着后必须不间断地充气，充气量控制在每小时 30～40 升/米^3。

（6）换水　根据水质情况进行调整，一般日换水 1 次，换水量为 50%～100%。

（7）倒池　一般投放附着基后 15 天左右进行第一次倒池，此后需根据水质状况、稚参密度、饵料投喂量、残饵等情况，每隔 7～10 天，倒池一次。

（8）更换附着基　稚参培育过程中附着基需要定时更换：拿起附有稚、幼参的附着基，用海水冲击幼体，使其脱落，将稚、幼参收集后泼洒到新的附着基上，一般结合倒池进行。

（9）分苗　稚参培育后期，个体生长差异较大，用不同网眼规格的筛子进行筛选，将不同规格的稚参分池进行培育。

三、健康养殖技术

（一）健康养殖（生态养殖）模式和配套技术

1. 场地选择及池塘要求

应选择附近海区无污染，远离河口等淡水源，风浪小的封闭的内湾或中潮区以下的地方建池。池塘优选建于潮间带中、低潮区。池塘面积50～150亩为宜，要求进、排水方便，常年水位不低于1.5米，以沙泥或岩礁池底为宜，保水性能好。修建池塘以壤土类为优。水质应符合渔业水质标准的规定，盐度23～36，温度−2.0～32℃，pH 7.6～8.4，溶解氧大于3.5毫克/升。

2. 参礁的设置

池塘要投放一定数量的附着基作为参礁。常用造礁材料有石块、瓦片、空心砖、扇贝笼等，也可用筐篓、砖瓦、碎石、水泥管、陶瓷碎片、装满沙的编织袋以及扇贝壳造礁等，其中石块为造礁最常用的材料。参礁的数量一般要根据养殖的刺参数量、水深、换水条件而定，参礁要相互搭叠、多缝隙，以给刺参较多的附着和隐蔽的场所。

3. 苗种投放

（1）投放时间　投放苗种放苗分春秋两季，一般水温在10℃以上时投放较为适宜。

（2）投放规格及密度　建议投放的苗种规格应在2 000头/千克以上。苗种的密度由苗种大小、参礁的数量、换水的频度、是否投喂饵料等因素决定。投放密度见表1。

表1　苗种投放密度

苗种规格	规格（头/500克）	投放密度（千克/公顷）
小规格	1 000	60～150
中等规格	500	75～150
大规格	50～100	150～300

4. 日常管理

（1）水质控制　放苗后2～3天进水10～15厘米。当水位达到最高处时，根据水色情况进行换水，以浅黄色或浅褐色为好。进入夏眠后，应保持最高水位，每日换水量应遵循水质好、水温低、盐度稳定的原则。秋季以后加大换水量，每日换水量在 10%～60%。冬季结冰后保持最高水位即可。

（2）*日常监测* 坚持早、晚巡池，观察、检查刺参的摄食、生长、活动情况，重点监测水温、盐度、溶解氧、pH 等指标，并做好记录，及时发现问题并及时采取有效措施。

（3）*抽样检查* 每隔 7～15 天潜水检查刺参情况，包括底质颜色，淤泥的厚度，刺参的健康情况、体长、体重。

（4）*清除杂物和大型海草* 及时捞出池内杂物，保持池水清洁。池底大型海草生长茂盛时，应及时捞出清理，同时防止其在大量生长后死亡在池底腐败，影响刺参的生长和成活。

（二）主要病害防治方法

1. 腐皮综合征

（1）*流行情况* 该病是当前养殖刺参最常见的疾病，危害最为严重，多发生在每年 1—4 月养殖水体温度较低时（8～16 ℃），2—3 月是发病高峰期，感染率高，传播速度快，很快蔓延至全池，死亡率可达 90%。越冬保苗期幼参和养成期刺参均可感染发病。

（2）*症状* 初期感染的病参多有摇头现象，口部出现局部性感染，表现为触手黑浊，对外界刺激反应迟钝，口部肿胀、不能收缩与闭合，继而大部分刺参会出现排脏现象；中期感染的刺参身体收缩、僵直，体色变暗，但肉刺变白、秃钝，口腹部先出现小面积溃疡，形成小的蓝白色斑点；末期感染的病参病灶扩大、溃疡处增多，表皮大面积腐烂，最后死亡，溶化为鼻涕状的胶体。

（3）*防治措施* 投放苗种的密度适宜，控制水质，向饲料中添加维生素，用来提高刺参的自身免疫力，提高其抗病能力；经常巡池，观察刺参的活动状态、摄食和粪便情况，定期测量水质指标，发现病参，要遵循“早发现，早隔离，早治疗”的原则。及时拣出发病个体；经常清除底质污物，定期向养殖水体中投放水质改良剂，以降解养殖水体中的氨氮、硫化氢等有毒物质，减少养殖水体中污染源。定期向养殖水体中投放微生物制剂及益生菌，以减少疾病的发生和蔓延。

2. 大型藻类

近年来在养殖过程中浒苔、石莼、刚毛藻等大型藻类经常暴发，对刺参养殖造成巨大危害，严重时会引起刺参的大量死亡，阻碍海参养殖业的稳定发展，其主要危害包括使养殖池塘水质清瘦，影响单胞藻的繁殖，减少刺参的食物来源，占据刺参的生长空间，缠绕或阻碍刺参的正常活动和摄食，腐败后造成池塘底质和水质的恶化。养殖的时候大型藻类会造成养殖池塘中的刺参大量死亡，甚至造成绝收，给养殖户带来巨大的财产损失。防治的主要措施有：

（1）清淤消毒　发生过大型藻类泛滥的池塘尤其要彻底清除干净往年遗留的大型藻类。一般池塘清淤后，每亩用100～150千克生石灰，施用时池塘留少许水，生石灰兑水泼洒。可有效防止大型藻类大量滋生和繁殖。

（2）控制透明度　大型藻类生长需要光照，可以通过加深水位等措施使池水透明度低于池塘水深30～40厘米，让阳光不能照射到池底，可有效控制大型藻类的发生和繁殖生长。

（3）人工捞除　当池塘内出现较多的大型藻类时，就必须通过人力或者捞草船直接将其捞出。尽管人工捞除费力费时，无法根除，但简单易行，不会产生不良影响，是其他方法的必要补充措施，也是目前去除大型藻类的主要方法。

（4）生物调控　在池塘内混养篮子鱼、海胆等以大型藻类为主要食物的经济种类，在不使用药物的前提下，能够有效地控制刺参养殖池塘的大型藻类，同时能够降低养殖成本，提高海水养殖池塘的经济效益。

四、育种和种苗供应单位

（一）育种单位

1. 安源水产股份有限公司

地址和邮编：烟台市经济技术开发区潮水镇衙前村，265617

联系人：王增东

电话：18653516561

2. 大连海洋大学

地址和邮编：大连市沙河口区黑石礁52号，116023

联系人：宋坚

电话：0411－84762131

（二）种苗供应单位

安源水产股份有限公司

地址和邮编：烟台市经济技术开发区潮水镇衙前村，265617

联系人：王增东

电话：18653516561

（三）编写人员名单

宋坚，王增东。

刺参“东科1号”

一、品种概况

（一）培育背景

近年来，我国刺参养殖规模发展迅猛，池塘、围堰和浅海底播增养殖已成为热点养殖模式，而且经济效益巨大。据《中国渔业统计年鉴 2017》数据，2016 年我国刺参养殖面积为 21.80 万公顷，占海水养殖面积的 10.06%。刺参增养殖业已成为继海带、对虾、扇贝与鲆鲽鱼类之后的又一支柱性养殖产业。但是，随着刺参产业规模的不断发展，种质退化、生长缓慢、养殖周期长、抵御环境变化能力差、病害频发以及商品参品质下降等一系列制约或潜在制约产业发展的瓶颈问题也日益凸显，尤其 2013 年以来频繁出现的持续高温、集中强降雨极端天气，给我国的刺参养殖造成了巨大损失，严重打击了从业者的信心，致使产业发展面临着前所未有的挑战。为有效解决上述产业面临的瓶颈问题，引导这一优势产业持续、健康和稳定发展，首先应从种质这一产业基础环节着手，开展自然种质资源的收集、保护与修复，培育具有生长速度快、抗逆能力强的优质新品种（系），推进刺参养殖产业提质与持续增收增效。同时，集成利用现代生物育种等高科技手段，建立高效的刺参良种选育与应用推广技术体系，对原有刺参优质种质资源进行有效的提纯、复壮与筛选，为刺参产业持续健康发展提供技术支撑。

针对我国当前养殖刺参存在的个体生长速度慢、夏眠时间长和度夏成活率低等问题，刺参“东科 1 号”的育种目标是培育具有生长速度快和度夏成活率高的刺参新品种。

（二）育种过程

1. 亲本来源

2005 年夏季，按照基础群体亲参采集标准，以山东烟台、青岛、日照当地野生刺参群体繁育的养殖群体为基础群体，从中收集并筛选出棘刺坚挺、体表无损伤且处于活动和摄食状态的大规格（体重大于 200 克/头）亲参 740 头

(烟台蓬莱市150头、青岛即墨区120头、青岛黄岛区265头、日照岚山区205头),构建了育种基础群体。从2006年4月开始,采用群体选育技术,对各世代苗种实施耐高温和速生性状选育,经4代连续选育,育成了刺参新品种“东科1号”。

2. 技术路线

建立育种基础群体(G0)后,对基础群体进行催熟培育,繁育第一世代(G1)。在G1代苗种不同的发育阶段开展速生和耐高温性状淘汰选择,并在28～29月龄时的夏季高温期,以单体体重大于200克且处于活动摄食状态为选择标准筛选留种个体,进行下一世代苗种繁育。每一世代的总选择强度为0.31%。在选育过程中严格实行多世代闭锁选育,只允许选育群体内雌、雄交配繁殖。各世代的选育群体都采用随机交配的原则,不加人为地选择配对。在每个世代的选育群体中,耐高温和速生两个选育性状同步进行,各世代淘汰选育步骤见图1。

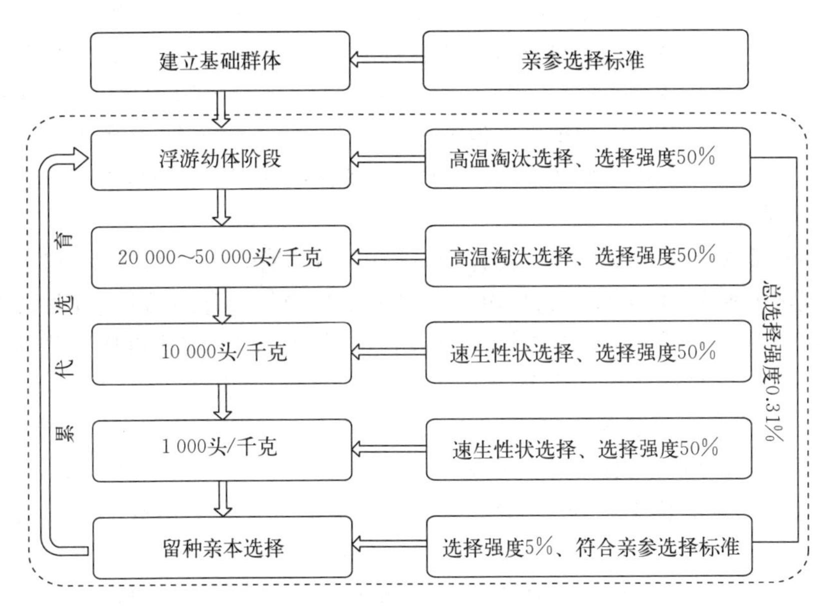

图1 刺参“东科1号”新品种选育技术路线

3. 选育过程

(1)第一世代 2006年5月,利用育种基础群体进行第一世代(G1)苗种繁育,按照三步淘汰选择法,在子代浮游幼体和2月龄阶段分别进行高温淘汰选择,在苗种发育至平均规格为10 000头/千克和1 000头/千克时分别进行速生个体选择,各阶段选择强度均为50%,之后在室内和池塘进行常温培育。至2009年,累计选育G1代大规格苗种270万头。选育的G1代苗种分别在浙江苍南室内水泥池和山东烟台池塘进行了养殖对比，跟踪监测结果表明，“东科 1 号”G1 代 12 月龄参［(17.8±2.4) 克/头］和 24 月龄参［(72.8±6.7) 克/头］平均体重分别比对照群体提高 21.7%和 29.2%，成活率［(65.4±5.0)%、(88.0±3.8)%］分别提高 17.9%和 11.7%，夏眠温度分别提高 0.70 ℃和 1.00 ℃。2008 年 8—9 月，从 10 000 头留种亲参中筛选出 540 头参与第二世代苗种繁育。

（2）第二世代　2009 年 4 月，利用三步淘汰选择法对子代苗种进行速生和耐高温性状选择，至 2012 年累计选育大规格苗种 950 万头。2011 年 10 月，将当年选育的 G2 代 6 月龄参在山东安源水产股份有限公司养殖车间进行生产对比，经过 6 个月的室内中间培育，G2 代 12 月龄参的平均体重［(25.4±3.22) 克/头］比对照刺参提高 14.7%，成活率［(36.9±5.05)%］提高 14.1%。2012 年 5 月，筛选规格为 10～20 克/头的 G2 代 11 月龄参 7 750 头，在池塘围隔进行养成对比，并跟踪监测苗种生长与夏眠过程的摄食情况，结果表明，G2 代 24 月龄参的平均体重［(131.1±24.4) 克/头］比对照苗种提高 33.1%；14～28 月龄参的夏眠温度可提高 0.97～1.24 ℃，“东科 1 号”26～30 月龄参度夏成活率［(95.0±5.3)%］提高 11.3%。2011 年和 2012 年每年 8—9 月，从烟台开发区和牟平区池塘养殖的 7 000 头 28～29 月龄参中筛选出仍在活动摄食、体重大于 200 克/头的 G2 代刺参 600 头，作为 G2 代亲参参与 G3 代苗种繁育。

（3）第三世代　2012 年 4 月开始 G3 代苗种繁育，至 2015 年累计选育 G3 代大规格苗种 1 500 万头。2013 年 7—10 月，将当年选育的 G3 代 3 月龄参在池塘网箱进行中间培育，结果表明，G3 代 6 月龄参的平均体重比对照刺参提高 60.3%，度夏成活率提高 15.1%。2014—2015 年每年 8—10 月，在池塘现场监测了 16～18 月龄参和 28～30 月龄参的摄食与肠道退化情况，结果表明，G3 代刺参的夏眠温度比对照刺参提高 1.30～1.76 ℃。2014 年 4 月至 2016 年 4 月，监测了 G3 代 12～36 月龄参在池塘围隔的生长和养殖成活率，结果表明，24 月龄［(74.2±10.5) 克/头］和 36 月龄参［(197.5±26.2) 克/头］的平均体重分别比对照刺参提高 30.0%和 30.9%，成活率［(88.7±6.7)%］提高 10.3%。2015 年 8 月至 2017 年 4 月对池塘围隔苗种的生长测定结果表明，G3 代 24 月龄参的平均体重［(126.2±10.0) 克/头］比对照刺参提高 34.7%。2014 年和 2015 年的 8—9 月，通过人工潜水捕捞的方式，从实验池塘约 6 800 头成参规格的 G3 代群体中筛选出 520 头，参与 G4 代苗种繁育。

（4）第四世代　G4 代选育于 2015 年 4 月开始，至 2017 年 5 月累计培育 G4 代苗种 10 亿多头，试养面积 1 350 余亩。2015 年室内规模化中间培育对比结果表明，G4代6月龄参单位水体出苗量［(1.24±0.06）千克/米^3］比对照苗种提高70.3%；池塘网箱养殖的生长测定结果表明，24月龄苗种平均体重［(130.4±10.2）克/头］比对照组提高39.3%；夏季高温期对G4代和对照群体刺参相对摄食质量和相对肠道质量的回归分析结果表明，G4代24月龄参的夏眠温度比对照群体提高1.78～1.93℃，度夏成活率比对照刺参提高10.4%～13.6%。

（三）品种特性和中试情况

1. 品种特性

（1）生长速度快、产量高　试验对比结果表明，与当地未经选育的普通刺参相比，24月龄参平均体重增加39.3%；规模化生产对比结果表明，12月龄参经1年的池塘养殖，达到商品参规格的24月龄参平均亩产（53.5～60.0千克）提高21.7%～25.0%。

（2）耐高温能力强、度夏成活率高　在山东沿海养殖池塘中，夏眠温度提高1.78～1.93℃，度夏成活率提高10.4%～13.6%。

（3）制种容易、便于推广　苗种繁育和中间培育技术成熟，产业需求迫切，应用前景广阔。

2. 中试情况

在“东科1号”的培育过程中，采取边选育边对比试养的模式。自2015年以来，共计培育“东科1号”G4代苗种10亿多头，在山东烟台、威海、东营和河北唐山等地进行养殖示范1 350亩。

2015年10月至2017年5月，在山东省烟台市和威海市进行规模化池塘养殖对比。2015年10月，山东东方海洋科技股份有限公司莱州分公司培育“东科1号”6月龄参5 000万头，其中2 000万头在山东蓝色海洋科技股份有限公司和威海虹润海洋科技有限公司示范养殖，养殖面积分别为530亩和120亩。2017年5月的统计结果表明，“东科1号”24月龄参的成活率比对照刺参分别提高12.7%和14.9%，达到商品规格的“东科1号”24月龄参平均亩产比对照刺参分别提高23.7%和21.7%。

2016年5月至2017年5月，在山东省东营市和河北省唐山市进行规模化池塘养殖对比。2016年5月，山东东方海洋科技股份有限公司乳山分公司培育“东科1号”12月龄参6 000万头，其中700万头在山东白玉参海洋科技有限公司和唐山海洋牧场实业有限公司分别养殖500亩和200亩。2017年5月的统计结果表明，“东科1号”24月龄参的成活率比对照刺参分别提高13.5%和16.5%，达到商品规格的“东科1号”24月龄参平均亩产比对照刺参分别提高25.0%和23.3%。

二、人工繁殖技术

（一）亲本选择与培育

1. 亲本来源

从刺参“东科1号”留种群体中选取健康的个体作为亲本用于苗种繁育。要求亲本棘刺完整、体表无损伤、活力强，个体湿重≥200克。

2. 亲本越冬催熟

亲本移入室内水泥池的时间一般为10月底至11月上旬，自然水温降至8～10℃，从养殖海区经挑选后运回育苗场。越冬催熟密度8～10头/米^3，每天换水1次，换水量为原池水体积的1/3～1/2，连续空气增氧。根据摄食情况调整投喂量，缓慢升温，至第二年4月，水温逐渐上升到14～15℃，检查性腺发育情况，待产。

3. 亲本常温培育

常温育苗一般在5—6月，室外池塘或海区自然水温上升到16～17℃，选择性腺发育良好的亲本移入室内水泥池蓄养，蓄养密度不超过20头/米^3。不投喂饵料，并及时清除池底粪便，并每天晚上观察是否有排放精卵现象，做好育苗准备。

（二）人工繁殖

从催熟培育池取出亲参，置于暗处阴干30～40分钟，然后放入海水温度为20～22℃的产卵池内待产。雄性个体开始排精后，在保证精子足够的情况下，及时捞出雄性个体，以免精液过多影响受精率，低倍镜下每个卵子周围有3～5个精子即可。受精结束后，利用20～22℃的海水洗卵，去除多余精液，最后注入足量海水进行孵化。受精卵的孵化密度控制在3～5粒/毫升，每隔1小时左右搅动1次池水，连续微量充气，使受精卵在水体中分布均匀。

（三）苗种培育

1. 浮游幼体培育

亲本排精产卵36小时后，停止充气0.5小时左右，采用拖网法或虹吸法将浮于中上层的浮游幼体选入培育池中进行培育。选优时培育水体控制在总水体的1/2左右，幼体培育密度控制在0.2～0.3个/毫升，在选优后的5～7天内逐渐把培育水体加满，直至变态阶段。以角毛藻、盐藻、小新月菱形藻、海洋红酵母和食用酵母为主，每日1～2次，日投饵量（4～6）×10^4个细胞/毫升。

2. 稚幼参培育

（1）附着基　附着基一般采用透明聚乙烯薄膜、透明聚乙烯波纹板及聚乙烯网片。附着基在投放前应先清洗干净，有条件的可在附着基上提前接种底栖硅藻。产卵后的第9～10天，浮游幼体发育为樽形幼体的比例达到30%左右时投放附着基。稚参附着密度控制在0.5～1头/厘米^2。

（2）管理　稚参附着初期投喂含底栖硅藻的活性海泥、螺旋藻粉、鼠尾藻粉等混合饵料，用300目筛网过滤；体长2毫米后逐渐增加马尾藻粉、海带粉等其他大型藻类粉状饵料。随着苗种的个体发育，过滤饵料用筛网网目可从300目逐渐降低为200目和100目，投喂量逐渐从5毫克/升增加为100毫克/升，分两次投喂。稚参附着后需连续充气，溶解氧控制在5毫克/升以上。每日换水1～2次，每次换水1/3～1/2。30天后，个体生长速度差异逐渐加大，应及时分苗，稀疏苗种培育密度，此操作可结合倒池进行。前期培育水温控制在20℃左右，随着夏季的来临，可逐渐采用自然水温培育，越冬培育时水温控制在15℃左右。整个培育过程光照强度控制在10～50勒克斯，避免局部光照过强。

三、健康养殖技术

（一）养殖基本条件

自然界野生刺参多栖息于水深为3～15米的浅海海域，生活在水流静稳、无淡水流入、海藻生长繁茂的岩礁底和泥沙底。其生长的最佳水温为10～18℃，温度超过20℃时，摄食下降，并逐渐进入夏眠状态；适宜的盐度为28～33，pH为7.8～8.4。我国主要刺参产区辽宁、河北、山东沿海均适宜于“东科1号”推广应用。

（二）养殖模式和配套技术

1. 浅海底播养殖

（1）海域的选择　一般选择在潮下带1.5～10米浅水区养殖，水质清澈、潮流畅通缓慢，无淡水注入，岩礁、乱石底质或大型藻类繁生的沙泥底质。水温在−2～30℃，盐度稳定在30左右。

（2）底部生境改良　在刺参自然分布的浅海海域投放人工参礁，可以改造和修复浅海生态环境，改善刺参的生活条件，提高单位面积产量。同时，由于增养殖期间不使用任何饵料和药物，因此产品质量可以与野生刺参相媲美。人工参礁应按照潮汐水流方向布放，避免影响水流。在礁体上移植大型藻类，可改善增殖环境，增加刺参饵料来源。

（3）苗种投放　投放时间一般在每年的春季（3—4月）或秋季（10—11月），此时的海水温度在10℃左右，苗种可以快速适应周围环境，提高苗种成活率。选择单体鲜重为 10～50 克/头的健康苗种，投放密度 3 000～5 000 头/亩。苗种投放应选择无风或微风晴好的天气，选择隐蔽性好且饵料生物丰富的礁群处投放，以利于刺参尽快附着在礁群或藻体底部，免受海流冲击，有效避免敌害生物的侵扰。

2. 池塘养殖

（1）池塘的选择　池塘面积以 15～50 亩为宜，池塘蓄水深度可达 1.5～2 米。以岩礁、乱石底质或大型藻类繁生的硬泥沙底质为宜，池底不漏水或月漏水量低于池塘蓄水量的 20%。每口池塘分别设置独立的进、排水设施，进水闸门和排水闸门处于池塘对立位置，并分别设置拦截网。

（2）池底改造　根据池塘岩礁和卵石布置情况，投放人工附着基，包括石块、瓦片、空心砖、扇贝笼等人工礁体，附着基间距 2～3 米。礁体的选择可依据以下原则：①礁体最好由硬质材料构成，以利于刺参栖身；②礁体紧密接触池塘底部，以利于刺参在池塘底质恶化时顺利上行；③礁体遮阳面积充足，以保证有足够的面积供刺参附着；④礁体高度不宜过低，以保证刺参上行避开恶化环境。

（3）苗种投放　投放时间分为春季和秋季，选择伸展自然、体态粗壮、肉刺坚挺的健康参苗作为投放对象，规格 1～5 克/头均可，投放密度一般为 8 000～10 000 头/亩。

（4）养成管理　定期测定养殖水体盐度、温度、溶解氧、pH 等环境因子，及时通过进、排水闸门改善水质，使水环境符合养殖用水要求。通过培养单胞藻类生物或泼洒有益菌控制水体透明度为 30～40 厘米。根据池塘底质可食用有机物质的多少，适量补充大型藻类（如马尾藻、鼠尾藻、海带、石莼等）粉状饵料。定期检查池塘并及时清除敌害生物（如大型甲壳类和鱼类）。在池塘设置增氧设施，在高温、阴雨时应及时启动设施，预防底部缺氧。

（三）主要病害防治方法

1. 化板病

发病初期附在附着板上幼体收缩成团状，触手收缩变成团状，活力下降，附着力差，并逐渐失去附着能力而沉落池底；后期在附着板上能见到很多残留骨片。此病是稚参附着后期经常发生的流行病，一般在樽形幼体向五触手幼体变态和幼体附板后的稚参时发生。该病流行性广，传染性强，发病快，暴发性强。此病主要以致病性细菌为主要病原。应注重饵料投喂的质量和数量，保证饵料充足，确保饵料通过消毒处理；进行换水或水体紫外线消毒；也可采用微生态制剂和中草药进行防治。

2. 口围肿胀症

口围肿胀症状表现为口周围肿胀，体表溃烂，排脏，管足附着力下降，脱落沉至池底，一般死亡率较高。病原为革兰氏阴性菌，呈杆状、弧状和卵圆形，为灿烂弧菌或海单胞菌。以预防为主，确保饵料质量，控制投喂量，及时更换新鲜海水或用紫外线消毒处理，也可定期利用抗菌性药物防治。

3. 桡足类

病原主要为猛水蚤，多发生在刺参中间培育阶段。桡足类繁殖温度与刺参苗种培育温度一致，饵料充足时可大量繁育，呈爆发式生长，与刺参苗种竞争饵料。猛水蚤可利用发达的口器撕裂、捕食稚参，使稚参皮肤溃烂，继发细菌感染，导致苗种大量死亡。防治主要采用浓度为1～2毫克/升的敌百虫药浴2～3小时，然后大量换水。

4. 海鞘

海鞘幼体一般通过海水或作为饵料用的海泥进入刺参苗种培育水体，附着后营滤食生活，与刺参竞争空间和饵料，并消耗水中氧气，向水体排泄代谢物，抑制刺参生长。主要预防措施为增加海水过滤精度，在苗种倒池时及时人工清除。

四、育种和种苗供应单位

（一）育种单位

1. 中国科学院海洋研究所

地址和邮编：山东省青岛市南海路7号，266071

联系人：刘石林

电话：0532-82898645

2. 山东东方海洋科技股份有限公司

地址和邮编：烟台市莱山区澳柯玛大街18号，264000

联系人：刘佳亮

电话：15634308592

（二）种苗供应单位

山东东方海洋科技股份有限公司乳山分公司

地址和邮编：威海乳山市海阳所镇水头村南，264512

联系人：姜云宁

电话：13953578369

（三）编写人员名单

刘石林，曹学彬，刘佳亮，李静，李君华。

刺参“参优1号”

一、品种概况

（一）培育背景

刺参（*Apostichopus japonicus* Selenka），又称仿刺参，分类地位为棘皮动物门（Echinodermata）、游走亚门（Eleutherozoa）、海参纲（Holothuroidea）、楯手目（Aspidochirota）、刺参科（Stichopodidae）、仿刺参属（*Apostichopus*），自然分布于北纬35°到44°的西北太平洋沿岸，分布区域北起俄罗斯远东沿海，经过日本海、朝鲜半岛到我国渤海和黄海。因其具有极高的营养保健功能和医用价值，被列为“海产八珍”之一，是我国北方主要的水产养殖品种。自20世纪80年代人工繁育技术突破以来，其养殖规模迅速拓展，养殖区域迅速扩展至辽宁、山东、河北、江苏、浙江及福建等地，形成了北参南养、东参西养的养殖格局，为沿海经济结构调整和渔民就业增收开辟了新途径，产生了巨大的经济社会效益。在养殖面积迅速扩张以及集约化养殖的情况下，刺参养殖过程中相继出现了病害频发、养殖成活率低、生长速度慢等一系列种质退化问题。刺参病害的频繁发生，每年造成约30亿元的经济损失，给刺参产业造成了重创，成为制约刺参养殖健康发展的重要瓶颈。通过提高刺参自身抵抗力抵御病害是刺参健康养殖最有效的方法。因此，对刺参进行遗传改良，培育出具有抗病力强、生长速度快等优良性状的新品种，对于抵抗产业风险，重拾养殖业者信心，提高产业效益具有重要的现实意义，是刺参养殖业健康发展的重要保证。

（二）育种过程

1. 亲本来源

收集我国刺参主要分布区大连、烟台、威海、青岛，以及日本沿海的刺参，共收集规格大于200克/头的刺参5 050头，作为刺参“参优1号”的选育基础群体。

2. 技术路线

刺参“参优1号”选育的总体策略是以抗灿烂弧菌（*Vibrio splendidus*）

侵染能力和生长速度作为选育性状，利用群体选育方法构建刺参抗逆选育系，采用致病原半致死浓度（LD_{50}）胁迫驯化技术、刺参亲本生态催熟技术、性腺发育积温控制技术、选育遗传参数评估以及选育世代遗传多样性监测等多项关键技术，对每代群体进行胁迫和选择，实行群体定向、累代闭锁繁育，同时评估其在池塘养殖过程中的优势性状，并通过多代连续选育形成性状稳定的新品种（图 1）。

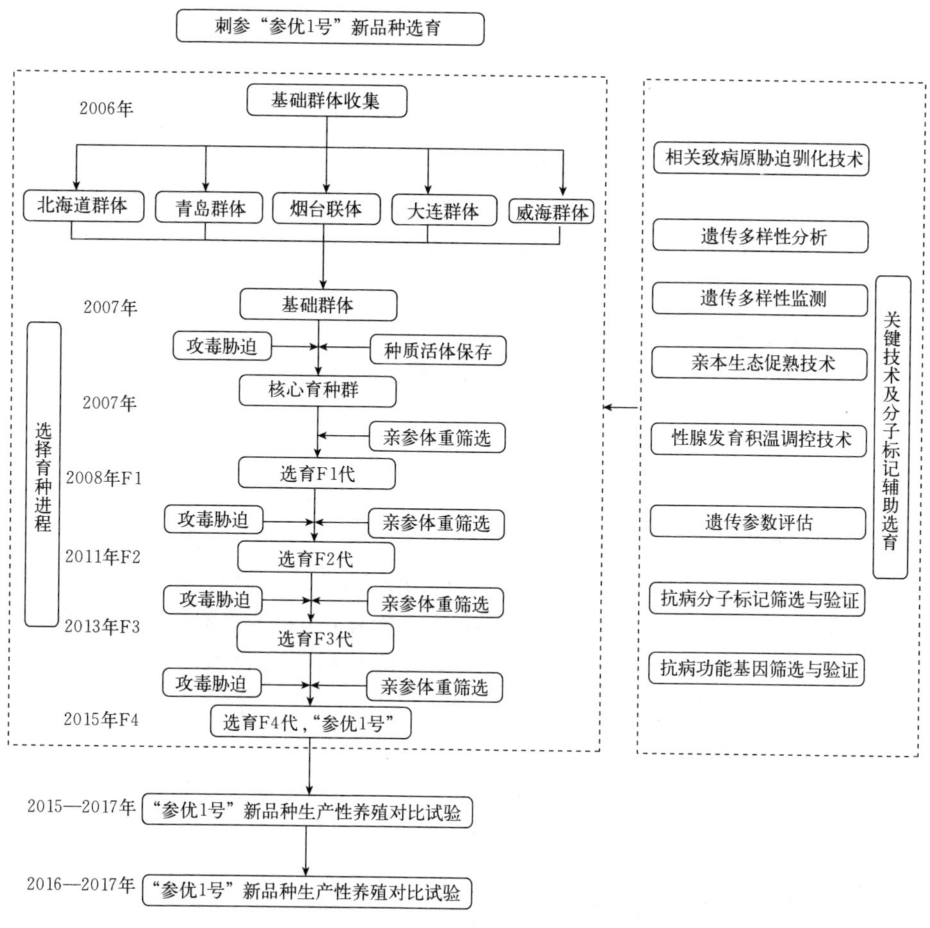

图 1 “参优 1 号”选育技术路线

3. 培育过程

2006—2007 年：收集我国刺参主要分布区大连、烟台、威海、青岛，以及日本沿海的刺参，共收集规格大于 200 克/头的刺参 5 050 头，作为刺参“参优 1 号”的选育基础群体。

2007—2008 年：自基础群体中挑选规格大于 300 克/头的刺参 1 987 头，采用前期通过实验获得的刺参腐皮综合征（也称化皮病）致病原——灿烂弧菌

24 小时半数致死浓度 1.5×10^6 CFU/毫升（LD50）对 5 个群体亲本进行连续胁迫 24 小时后解除胁迫，并进行 30 天的养殖观察，淘汰攻毒后出现化皮症状的个体，对未发病的 976 头个体混群后进行留种，组建核心育种群体，经 PCR 探针检测无灿烂弧菌携带后投放到室外池塘进行养殖和成熟培育。

2008—2011 年：F1 代群体选育，自核心育种群中选取性腺成熟的 734 头刺参作为繁育亲本，培育 F1 代选育苗种。6 月龄刺参 F1 代苗种病原菌胁迫后成活率比对照组提高 2.41%，收获时平均体重增长率比对照组提高 14.38%，养殖成活率提高 6.26%。

2011—2013 年：F2 代群体选育，对 6 月龄 F1 代苗种进行灿烂弧菌攻毒侵染胁迫，筛选健康存活个体作为刺参 F2 代亲本进行培育。2011 年 5 月以体重为选择指标筛选自然成熟的 F1 代个体为亲本进行 F2 代苗种培育，留种率为 1.24%，选择强度为 2.578。6 月龄刺参 F2 代苗种病原菌胁迫后成活率比对照组提高 9.92%，收获时选育群体的平均体重增长率比对照组提高 28.71%，成活率提高 28.22%。

2013—2015 年：进行 F3 代群体选育，按照 F2 代的选育策略，以体重为选择指标从 F2 代养殖池塘中筛选大规格刺参进行冬季生态催熟培育，于 2013 年 3 月进行 F3 代选育苗种的培育，F3 代的留种率为 1.67%，选择强度分别为 2.415。6 月龄刺参 F3 代苗种病原菌胁迫后成活率比对照组提高 11.17%，收获时选育群体的平均体重增长率比对照组提高 27.86%，成活率提高 7.78%。

2015—2017 年：进行 F4 代群体选育，按照 F3 代的选育策略和亲参培育方法，于 2015 年 3 月进行 F4 代选育苗种的培育，F4 代的留种率为 2.51%，选择强度分别为 2.341。6 月龄的刺参 F4 代苗种病原菌胁迫后成活率比对照组提高 11.38%，收获时选育群体的平均体重增长率比对照组提高 38.75%，养殖成活率提高 25.62%。

至 2015 年经过连续 4 代群体选育，形成了特征明显、性状稳定的刺参新品种，命名为刺参“参优 1 号”。

（三）品种特性和中试情况

1. 品种特性

刺参“参优 1 号”的外部特征在选育过程中未出现明显改变，参体呈圆筒状，两端稍细，背部隆起，肉刺坚挺，具有 4～6 排不规则排列的圆锥形疣足，口偏于腹面，周围生有 20 个楯状触手，肛门偏于背面；体色黄褐、棕褐或绿褐色，部分个体疣足周围有黑色斑点。

2. 优良性状

（1）抗灿烂弧菌能力强，在 6 月龄时灿烂弧菌侵染后成活率提高

11.68%，可显著提高抗化皮病的能力。

（2）生长速度快，池塘养殖收获时其平均体重提高38.75%，可显著提高刺参的产量和经济效益。

（3）成活率高，池塘养殖收获时成活率提高23%以上。

3. 中试情况

为评估刺参“参优1号”新品种的生产性状，2015—2017年在青岛西海岸海洋渔业科技开发有限公司的苗种扩繁车间和养殖池塘对2015年3月和2016年3月所繁育的两批次苗种进行了“参优1号”新品种连续两年生产性对比养殖试验。对照苗种来源为未选育苗种，苗种繁育方式均为升温育苗。

（1）抗灿烂弧菌侵染力比较　分别在2015年11月和2016年11月对两批次6月龄苗种进行攻毒胁迫，攻毒的病原菌为刺参重大疾病“腐皮综合征”的致病菌——灿烂弧菌，浸浴浓度为灿烂弧菌对刺参的半致死浓度——1.5×10^6 CFU/毫升，集中浸浴24小时后恢复正常养殖条件，统计胁迫后的成活率。由两批刺参“参优1号”苗种的灿烂弧菌攻毒侵染存活率统计结果（表1）可以看出，两批次“参优1号”苗种的攻毒侵染后成活率分别为51.92%和53.68%，分别较未选育组（对照组）提高11.38%和12.56%，“参优1号”刺参攻毒侵染后的平均成活率为52.80%。

表1　刺参“参优1号”苗种与未选育苗种攻毒胁迫后成活率比较

育苗批次	群体	平均成活率（%）	提高（%）
2015	“参优1号”	51.92	11.38
	未选育苗种	40.54	
2016	“参优1号”	53.68	12.56
	未选育苗种	41.12	

（2）生长性状及成活率比较　2015—2017年第一批次生产性对比试验刺参“参优1号”苗种选择6个标准化养殖池塘（共240亩），对照苗种选择3个刺参标准化养殖池塘（共120亩）。2016年6月（15月龄）自养殖池塘中抽取养殖个体进行体重测定，计算体重平均值，并比较其与未选育组的差异；2017年6月（27月龄）进行清池收获，测定体重平均值并统计养殖成活率，比较其与对照组的差异。2016—2017年第二批次生产性对比试验，刺参“参优1号”苗种选择5个标准化养殖池塘（共200亩），对照苗种选择3个刺参标准化养殖池塘（共120亩），2017年6月（15月龄）自养殖池塘中抽取养殖个体进行体重测定，计算体重平均值，并比较其与对照组的差异。

各个试验池塘连续两年生产性对比养殖试验结果见表 2，由“参优 1 号”苗种与未选育组对比养殖的统计结果可以看出，相同养殖条件下，2015 年 3 月所繁育的第一批苗种经过 15 个月的养殖，2016 年 6 月“参优 1 号”刺参体重较对照组苗种提高 22.26%，经过 27 个月的养殖，截至 2017 年 6 月收获时，“参优 1 号”刺参体重较对照组提高 23.58%，成活率提高 25.33%。2016 年 3 月所繁育的第二批苗种经过 15 个月的养殖，2017 年 6 月“参优 1 号”刺参体重较对照组苗种提高 25.80%。

表 2　刺参“参优 1 号”苗种与未选育苗种生产性对比养殖试验结果

育苗时间	测定时间	测定指标	群体	测定值	提高
2015 年 3 月	2016 年 6 月	平均体重（克）	“参优 1 号”	17.43	22.26%
			未选育苗种	14.26	
	2017 年 6 月	收获时平均体重（克）	“参优 1 号”	130.91	23.58%
			未选育苗种	105.93	
		收获时成活率（%）	“参优 1 号”	69.58	25.33%
			未选育苗种	44.25	
2016 年 3 月	2017 年 6 月	平均体重（克）	“参优 1 号”	21.16	25.80%
			未选育苗种	16.82	

二、人工繁殖技术

（一）亲本选择与培育

1. 亲本来源

刺参“参优 1 号”亲本保存在特定的良种场，是经过选育的性状优良、遗传稳定、适合扩繁推广的群体。用于生产的刺参“参优 1 号”亲本要求个体重量在 300 克以上。

2. 亲参培育

（1）培育方式　采取常温育苗的亲参培育方式主要是生态露天池塘养殖，养殖到 5 月，性腺发育良好时将亲参转移到室内水泥池中蓄养，池塘养殖的密度一般在 2～3 头/米^2，水泥池蓄养的密度一般在 20～25 头/米^2。采取升温育苗的亲参培育方式是生态催熟车间养殖，即 11 月将大于 200 克的亲参转移到生态催熟车间进行成熟培育，养殖密度一般在 3～4 头/米^2，第二年 3 月性腺发育良好时直接进入产卵池孵化。

（2）亲参管理　池塘养殖过程中大潮期换水，每天换水量为 1/5～1/4。

生态催熟车间每天换水一次，换水量为 1/4～1/3。亲参培育过程中经常观测刺参的活力、摄食、健康状况，并抽检测定亲参的性腺指数；性腺成熟后注意观察亲参的活动状况和精卵排放情况，以安排苗种繁育生产。

（二）人工繁殖

将选择好的亲参用清洁海水冲洗后，用消毒剂对亲参体表的细菌和猛水蚤进行杀除。将处理后的亲参放入产卵池中进行产卵，产卵前一般采用阴干刺激的方式诱导精卵排放。

一般雄性先爬到池壁进行排精，呈白色烟雾状，雄性排精后雌性开始排卵，精卵在养殖池中自然受精。产卵结束后，停止充气，将亲参从产卵池中捞出，待受精卵沉于池底后，采用虹吸的方法用 260 目的网箱过滤，将上层池水排出 1/2～3/4，然后再加满海水，待受精卵沉底后，再用上述方法进行洗卵，一般重复 3～4 次。洗卵结束后，持续充气，直至浮游幼体孵出。然后，利用拖网选择法或虹吸法进行选优，将收集的健康浮游幼体进行布池。

（三）苗种培育

1. 浮游幼体培育

（1）培育密度　一般浮游幼体的布池密度为 0.2～0.5 个/毫升。

（2）投饵　受精卵发育至耳状幼体后，即可投喂，主要以盐藻、牟氏角毛藻、三角褐指藻、小新月菱形藻、骨条藻等单胞藻类 2～3 种混合液为主，辅以海洋酵母、面包酵母、藻粉等代用饵料。

（3）换水　优选分池后可在培育池加入 60 厘米的水，前 3 天内逐渐把水加满，然后每日用 200 目网箱换水 1～2 次，每次换水量 1/5～1/3；随着幼体的发育成长和投饵量的增加，换水量逐步加大。

（4）日常监测　及时、定时检测幼体发育、摄食情况和水质状况，每天镜检 2 次以上，记录幼体形态变化、活动力、摄食、生长发育及健康等情况。

（5）附苗板投放　刺参幼体发育到大耳后期时，水体中出现 10%～20% 的樽形幼体时投放附苗板。附苗板以聚乙烯波纹板组合筐为主。

2. 稚幼参培育

（1）密度　稚参培育密度一般不高于 0.2 头/厘米^2。

（2）饵料种类　饵料以底栖硅藻、鼠尾藻滤液，海参粉末饲料和海泥为主。

（3）饵料投喂量　饵料投喂量根据稚参的摄食情况而定。通过肉眼观察附苗板上饵料的剩余量和海参摄食半径，结合显微镜观察稚参消化道内饵料的充盈度来判断投饵量是否适宜。

（4）饵料投喂　一般投喂 2 次/天，早、晚各一次。

（5）换水　每日换水 1/4～1/2。

（6）倒池　投放附苗板 10～20 天后，需要进行倒池一次；具体倒池时间根据附苗板上清洁程度、参苗状态和敌害生物数量来确定。

三、健康养殖技术

（一）养殖模式和配套技术

养殖海区选在水质良好、无污染、无淡水注入的海域。适宜的水温为5～25 ℃，适宜的盐度为 20～33，溶解氧≥5 毫克/升，pH 7.8～8.4。主要养殖模式为池塘养殖和南方吊笼养殖。

1. 池塘养殖

（1）池塘整理　新建池塘应对池底和池坝进行平整，通过自然纳潮或者泵取海水浸泡 2 次，每次 3～5 天，沉实池底土壤，之后将水排尽，曝晒一周。旧池塘在参苗放养前要将原池水放干，彻底清淤、平整，修护池坝，对池底和石块、瓦片等参礁反复冲洗，并封闸曝晒至池底干裂。

（2）池塘消毒　在放苗前 30～45 天，池塘进水淹没池底和参礁，准备消毒处理，消毒剂选择生石灰 900～1 800 千克/公顷或者漂白粉（含有效氯 30%）15～30 克/米^3，全池泼洒，浸泡池塘 2～3 天后排干池水，再进入海水浸泡 2～3 天，将水排出，重复进、排水 1～2 次。

（3）参礁设置　池塘要投放一定数量的参礁，参礁以瓦片等硬质附着基为主。

（4）苗种投放　放苗分为春、秋两季，秋季放养当年 3 月繁育的 8 月龄刺参，春季放养经过冬季车间养殖的大规格 12 月龄刺参。水温在 10～17 ℃时投放较为适宜，盐度 25～34，溶解氧≥5.0 毫克/升，水温差要小于 2 ℃，盐度差要小于 2。放苗应选择风浪较小的天气，阴天可以放苗，雨天则不应放苗。苗种的投放密度由环境条件、苗种规格、参礁数量、换水频度、是否投饵、计划产量等因素决定，秋季 11 月首次投放同一规格苗种（500～800 头/千克）6 000 头/亩，春季 4 月首次投放同一规格苗种（100～150 头/千克）4 000 头/亩。养殖后期根据池塘刺参存量进行苗种的补放。

（5）饵料投喂　将川蔓藻、鼠尾藻、海带等加工成藻粉，制成配合饵料投喂，或直接使用海参专用人工配合饲料。刺参摄食季节（3—6 月、10—12 月），根据刺参的规格及摄食量确定饵料的投喂量，一般日投喂量为刺参体重的 1%～2%，7～10 天投喂一次，避免过量投喂。海参夏眠或冬眠后，停止投喂饵料。

（6）日常管理　池塘透明度保持60～80厘米，春、秋季水位在1.2～1.5米，进入夏眠和冬眠后，应保持水位在1.5米以上。汛期前在蓄水池内注满养殖用水，同时养殖池塘内保持高水位；降水较多时及时排出表层淡水，严防池塘盐度骤降。

坚持早、晚巡池，检查堤坝、闸门、防逃网等设施设备的安全情况。定期观察刺参的活动、摄食、生长及健康情况，定期监测水温、盐度、溶解氧、水深、透明度等指标，并做好记录。

2. 南方吊笼养殖

（1）养殖设施　浮筏吊笼养殖系统由浮桶、筏架（木板）、竹竿、橛缆、橛子、吊绳、养殖笼等组成。橛缆和橛子固定整个筏架，养殖笼通过吊绳悬系在筏架的竹竿上，并通过浮桶浮力悬浮于水面之上；养殖笼通常由5～6层养殖箱组成，养殖箱的规格为40厘米×30厘米×12厘米；吊养水深2.5～8米，笼间隔40～70厘米，每亩水面悬挂养殖笼1 500～2 500串。

（2）吊笼消毒　吊笼放到海域前5～10天对养殖吊笼进行清洗，并利用漂白粉（含有效氯30%）15～30克/米^{3}浸泡1～2天，冲洗后再用海水浸泡2～3天。

（3）苗种投放时间　放苗时间一般在11月上、中旬温度适宜的时间进行。

（4）苗种投放规格和密度　苗种投放规格为20～30头/千克。放养密度为5～6头/层，即每笼30～36头，根据刺参的生长速度、吊笼的附着物多少以及水质情况等因素适当调整密度。

（5）饵料投喂　以海带、鼠尾藻、江蓠为主要原料，将海带等藻类经发酵浸泡后直接投喂，也可投喂刺参吊笼专用饲料。投喂量和投喂次数根据实际摄食情况及时调整，一般2～3天投喂一次。

（6）日常管理　坚持经常巡视检查，发现吊笼堵塞严重或破损时更换吊笼。刺参养殖1～2个月后，根据刺参的生长情况进行分苗。定期观察刺参的活动、摄食、生长及健康情况，定期监测水温、盐度、溶解氧、pH、透明度等指标，并做好记录。

（二）主要病害防治方法

1. 腐皮综合征

该病主要致病原为灿烂弧菌（*Vibrio splendidus*）等。稚参、保苗期幼参和养成期刺参均可感染发病，初冬11月到第二年4月初是该病的高发期。该病以预防为主，主要的预防措施包括投放苗种的密度适宜，保持良好的水质和底质环境；采取"冬病秋治"策略，入冬前后定期施用底质改良剂氧化池底有机物，改善刺参栖息环境；饵料中定期添加穿心莲、金银花、黄芩等中草药进行预防处理。治疗时建议使用头孢噻肟钠浸浴或口服治疗。

2. 肠炎病

该病是刺参育苗早期、保苗期、养成期较常见的疾病，其病原为哈维氏弧菌（*Vibrio harveyi*）等。主要防治措施包括苗种培育密度不宜过高，定期倒池、分苗，并剔除不良个体；选择优质饵料，进行有效发酵或臭氧消毒后进行投喂，蛋白含量在15%～17%为佳；饵料中定期添加有益菌剂或者添加黄芩、五倍子等中草药，调控肠道菌群；经常观察刺参活动状态、摄食与粪便情况，测量生长速度等指标，一旦发现早期症状，及时药浴或口服氟苯尼考治疗。

四、育种和种苗供应单位

（一）育种单位

1. 中国水产科学研究院黄海水产研究所

地址和邮编：山东省青岛市南京路106号，266071

联系人：王印庚

电话：13969877169

2. 青岛瑞滋海珍品发展有限公司

地址和邮编：山东省青岛市黄岛西海岸新区琅琊镇刘家崖下村，266408

联系人：范瑞用

电话：13791918333

（二）种苗供应单位

青岛瑞滋海珍品发展有限公司

地址和邮编：山东省青岛市黄岛西海岸新区琅琊镇刘家崖下村，266408

联系人：范瑞用

电话：13791918333

（三）编写人员名单

王印庚，廖梅杰，李彬，范瑞用，荣小军，张正，陈贵平。

太 湖 鲂 鲌

一、品种概况

（一）培育背景

翘嘴鲌（*Culter alburnus* Basilewsky）隶属于鲌亚科鲌属，是我国重要的淡水名优经济鱼类，且以太湖产最负盛名，位列太湖“三白”之首。该鱼为中上层鱼类，生长快，肉质鲜嫩，经济价值高，深受消费者喜爱，但也存在肌间刺多，食用体验差；肉食性，人工养殖成本较高；性情急躁，不易捕捞和活鱼运输等缺点。而与翘嘴鲌同一亚科的鲂属鱼类——三角鲂，则为中下层鱼类，体型宽厚，肉质细嫩，具有食性杂、养殖成本低、性情温驯、易捕捞和活鱼上市等特点。为了改良翘嘴鲌的养殖性状，育种单位自 2005 年开始开展翘嘴鲌与鲂属、鳊属鱼类间的杂交育种工作，先后获得了翘嘴鲌与团头鲂、三角鲂、长春鳊等的杂交子代，并进行了养殖试验，发现鲌鲂之间人工杂交的受精率、孵化率均达到 80%以上，且杂交子代表现出明显的生长优势，但由于杂交亲本纯合度不够，导致部分杂交组合的杂交子代体型变异较大，而中间型或近翘嘴鲌体型的后代在江浙沪一带更受青睐。为此，育种单位历经 10 余年，通过连续群体选育和雌核发育诱导，获得了基因型一致的翘嘴鲌群体，并于 2014 年与群体选育三代的三角鲂杂交，育成了体型一致性好、生长速度快、饲料蛋白需求量低的养殖新品种——“太湖鲂鲌”。

（二）育种过程

1. 亲本来源

（1）母本翘嘴鲌　2004 年从南太湖（湖州）沿岸水域采捕，经连续两代群体选育和两代异源雌核发育诱导和筛选，进一步培育获得的翘嘴鲌子代。

（2）父本三角鲂　2007 年从湖州德清三角鲂良种场引进并经三代群体选育的三角鲂子代。

2. 技术路线

技术路线如图 1 所示。

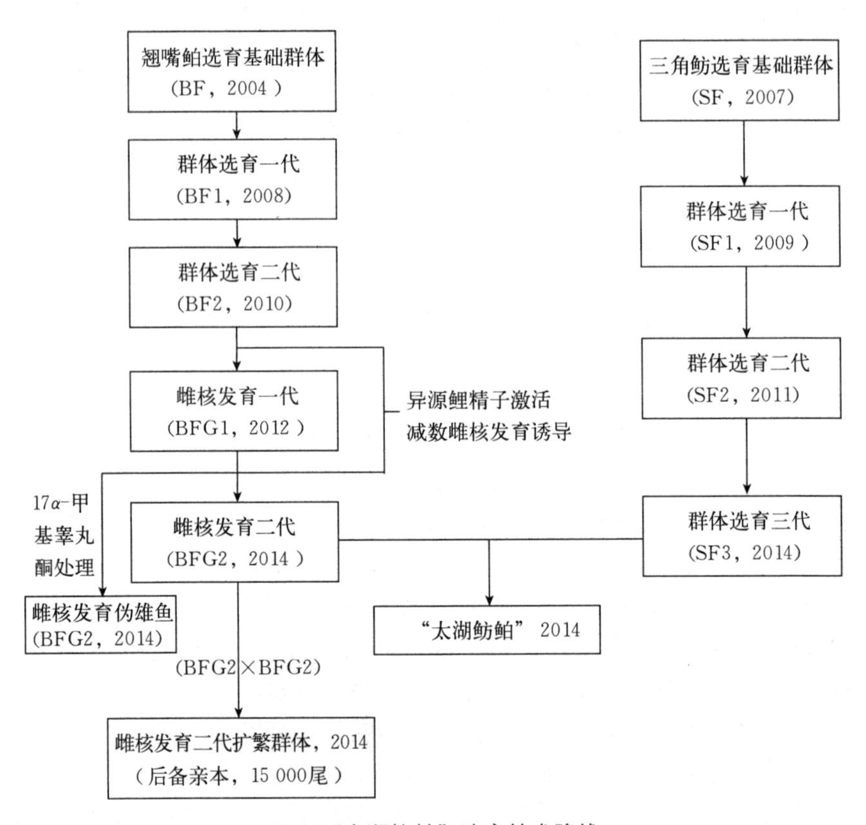

图 1 “太湖鲂鲌”选育技术路线

3. 选育过程

（1）母本翘嘴鲌

① 翘嘴鲌的群体选育。2004 年冬季，从南太湖（湖州）沿岸水域采捕野生群体，并按常规方法进行池塘养成和强化培育。2006 年 6 月，挑选个体大、体质健壮、性腺发育良好的雌雄个体作为亲本，经人工催产和自然交配，繁育获得群体选育一代（BF1）鱼苗；BF1 按常规方法进行池塘培育和养成，并分别在 2006 年的 8 月（选择率 5%，体长大于 3 厘米）、12 月（选择率 10%，体长大于 10 厘米）和 2007 年 12 月（选择率 8%，体长大于 35 厘米）进行一次分选，挑选生长快、体型好、色泽光亮、无病的个体作为选育群体，共计选留候选亲本 420 尾；2008 年 6 月从候选亲本中挑选性腺发育良好的雌雄个体作为亲本，经人工催产和自然交配，繁育获得群体选育二代（BF2）鱼苗；BF2 代按上述同样方法进行培育和养成，并继续在 2 月龄、6 月龄、18 月龄进行筛选，共计选留候选亲本 350 尾，2010 年培育至性成熟（2^+ 冬龄）。后续世代的选择按照同样的方法进行，即每一世代进行 3 次选择，总选择率为 0.02%～0.04%，

每代选留候选亲本400尾左右。

② 翘嘴鲌二代雌核发育群体的建立。2010年6月，挑选体型佳、个体大、体质健壮的10尾BF2代雌性个体（2^+冬龄），以遗传灭活的鲤精子作为激活源，采用冷休克抑制第二极体排出法，诱导获得了雌核发育一代（BFG1）苗种1 500尾；BFG1按照常规方法池塘培育和养成，期间淘汰了性腺发育停滞、体型畸形等个体，2012年获得性成熟雌核发育一代鱼365尾（2冬龄，个体差异较大），选择率为24.33%。2012年6月，从BFG1中挑选生长快、性成熟好、体型佳的雌雄个体，采用同样方法进行第二次雌核发育诱导，获得雌核发育二代（BFG2）苗种5 000尾，其中2 000尾苗种经17α-甲基睾丸酮处理后，与另外3 000尾雌核发育苗种同塘培育养成，经自然淘汰和筛选检测，2014年最终选留性成熟二代雌核发育鱼（BFG2）1 020尾和伪雄鱼（BFG2'）230尾，同年6月通过人工催产和干法授精，成功实现二代雌核发育鱼和伪雄鱼的交配繁殖，获得二代雌核发育鱼扩繁群体15 000尾。与此同时，按照上述同样方法，定期挑选群体选育的性状优良个体进行雌核发育诱导和伪雄鱼制备。为此，于2014年开始，挑选体型好、性腺发育良好的二代雌核发育鱼作为"太湖鲂鲌"苗种生产的母本。

（2）*父本三角鲂*　2007年春，从湖州德清三角鲂良种场引进性成熟三角鲂（3龄），并按常规方法进行池塘养成和强化培育。同年5月中旬，挑选体型好、性腺发育良好的雌雄个体作为亲本，按雌雄比2∶3配对繁育，获得三角鲂一代（SF1）鱼苗，并按常规方法进行池塘培育和养成，期间分别在SF1代的2月龄、6月龄、18月龄进行一次筛选，选择标准为生长快、体型好、体质健康，选择率分别为5%（体重大于3克）、10%（体重大于20克）和8%（体重大于750克），总选择率为0.021%，共计选留候选亲本310尾，2009年达到性成熟（2^+冬龄）。后续世代选择按照同样方法进行，2009年繁育出SF2代苗种，2011年达性成熟（2^+冬龄候选亲本270尾）；2011年繁育出SF3代苗种，2013年达性成熟（2^+冬龄候选亲本500尾）。为此，于2014年开始，选择体型佳、性腺发育良好的群体选育三代的雄性个体用于"太湖鲂鲌"的制种。

（3）*翘嘴鲌和三角鲂的远缘杂交*　翘嘴鲌与三角鲂正反杂交试验显示，鲌鲂杂交子代具有良好养殖性能，且以翘嘴鲌♀×三角鲂♂的杂交子代生长更具优势，约比其反交子代（三角鲂♀×翘嘴鲌♂）生长快14.56%，但由于杂交亲本的纯合度不够，部分杂交组合的杂交子代体型有差异（存在15%左右的高背型杂交子代），而中间型或近翘嘴鲌体型的杂交子代在江浙沪一带更受青睐。为此，2014年6月，育种单位选择经两代群体选育和两代雌核发育诱导的翘嘴鲌（BFG2）为母本和经三代群体选育的三角鲂（SF3）为父本，通过人工催产、干法授精，按雌雄比 1∶1 配对，繁殖获得了具有体型呈中间型，体色近翘嘴鲌，表现出生长速度快、饲料蛋白需求量低等性状特点的杂交子一代，即“太湖鲂鲌”新品种。

（三）品种特性和中试情况

1. 品种特性

（1）体型体色好　“太湖鲂鲌”呈中间型（体长为体高的 2.96～3.26 倍），头小，体厚，鳞片薄，体色近似于母本翘嘴鲌，在江浙沪地区市场认可度较高。

（2）生长速度快　在相同养殖条件下，“太湖鲂鲌”养成阶段生长速度较翘嘴鲌快 47.05%。

（3）饲料蛋白需求量低　“太湖鲂鲌”食性偏杂食性，易驯化，相较于母本摄食范围扩大，鱼种饲料蛋白最适需求量为 35.87%，低于翘嘴鲌鱼种的 40.89%～43.19%，略高于三角鲂鱼种的 32%～35%；池塘养殖饲料系数在 1.1～1.3。

（4）抗逆能力强　日常养殖过程中，“太湖鲂鲌”养殖成活率明显高于母本翘嘴鲌。同时，该品种适宜在全国各地池塘、网箱（包括循环流水养殖系统）等人工可控的淡水水体中养殖。

2. 中试情况

自 2014 年育成“太湖鲂鲌”以来，累计生产“太湖鲂鲌”鱼种 2 500 万尾。除供应一般的养殖户之外，于 2015—2016 年在湖州浙北水产新品种繁育技术开发有限公司开展连续两年生产性对比试验，同时在浙江杭州、绍兴和湖州等地挑选了若干当地有较大影响力的 3 家水产企业，采用委托测试的办法开展了本品种的中试养殖试验，全程提供了养殖技术指导。养殖方式包括池塘专养和池塘循环流水养殖，试验鱼种由湖州浙北水产新品种繁育技术开发有限公司提供。

浙北公司试验点于 2015 年及 2016 年开展连续两年的生产性对比试验，养殖方式为池塘专（单）养，养殖周期分别为 263 天、295 天和 636 天，养殖密度为 2 000 尾/亩，生产性对比试验结果显示：2 龄“太湖鲂鲌”的平均规格分别达到 582.63 克和 620.57 克，其生长速度较母本翘嘴鲌快 43.30% 和 52.05%，饲料系数低于 1.16，养殖成活率 94.50% 以上，亩产均超过 1 000 千克，养殖单产较翘嘴鲌提高 50% 以上，而“太湖鲂鲌”3 龄鱼平均规格达到 1.40 千克，单位产量超过 2 000 千克/亩。

杭州余杭区试验点于 2015 年及 2016 年开展连续两年的生产性中试养殖试验，养殖方式为池塘专（单）养和池塘循环流水养殖，其中池塘养殖面积 240

亩，养殖密度为2 000尾/亩，池塘循环流水养殖池塘面积50亩，6条流水槽，养殖密度为150～200尾/米^3。养殖结果显示，池塘专养和池塘循环流水养殖2龄“太湖鲂鲌”的平均规格分别超过550克和650克，单位产量分别达1 000千克/亩和100千克/米^{3}以上，成活率均超过94%，池塘养殖饲料系数低于1.3，池塘循环流水养殖饲料系数低于1.5。特别是“太湖鲂鲌”池塘循环流水养殖试验，显示其有较强的抗应激能力，为池塘循环流水养殖提供了新的养殖品种。

湖州试验点于2015年及2016年开展连续两年的生产性中试养殖试验，养殖方式为池塘专（单）养，总养殖面积为500亩，单个池塘面积为2～8亩，养殖密度为2 000尾/亩。养殖结果显示，池塘专养单位产量均在1 000千克以上，2龄“太湖鲂鲌”的平均规格600克左右，成活率均超过93%，同时，饲料系数低于1.3。

诸暨试验点于2015年和2016年开展连续两年的生产性中试养殖试验，养殖方式为池塘专（单）养，总养殖面积为320亩，单个池塘面积为5～10亩，养殖密度为2 000尾/亩。养殖结果显示，池塘专养单位产量均超过1 000千克以上，2龄“太湖鲂鲌”的平均规格550克左右，成活率均超过93%，同时，饲料系数低于1.3。

中试养殖试验点基本代表了江浙沪地区的鱼类养殖条件，试验的结果能够真实反映“太湖鲂鲌”的养殖生产性能，养殖测试结果显示，“太湖鲂鲌”较翘嘴鲌生长快、产量高、饲料蛋白需求量低、养殖成本低，同时具有体型体色好、规格均匀、抗逆性强和易捕捞等特点，可以提早上市销售、缩短养殖周期，售价高，取得了较好的经济效益，深受养殖户欢迎。

二、人工繁殖技术

（一）亲本选择与培育

1. 亲本来源

“太湖鲂鲌”的亲本是以经两代群体选育和连续两代雌核发育诱导的翘嘴鲌子代为母本，以经三代群体选育的三角鲂为父本，通过远缘杂交获得的杂交子一代。“太湖鲂鲌”的亲鱼的初始繁育年龄、体重和使用年限要符合表1的要求。

2. 培育方法

每亩放养200～300千克。

（1）*翘嘴鲌亲鱼培育*　开春后适当降低水位提高水温，4月中旬开始，每周冲注新水1～2次，定时开机增氧，5月下旬停止注水。以无病害的小规格鲜活饵料鱼为主，辅以人工配合饲料。每天投饲量为鱼体重的2%～5%，具体视水温和摄食情况灵活掌握。

表 1　初始繁育亲鱼年龄、体重和使用年限

种　类	性　别	初始使用年龄（龄）	最小个体体重（克）	使用年限
翘嘴鲌	雌	2～3	1 000	3
三角鲂	雄	2～3	750	3

（2）三角鲂亲鱼培育　早春时，一次性加高水位，减少池中换水，降低积温。在接近繁殖温度时雌雄亲鱼分池培育，从而减缓性腺成熟时间。主要投喂精饲料，后改为精饲料、青饲料搭配，催产前 15～20 天停喂精饲料。日投饵量为鱼体重的 3%～7%，具体视水温和摄食情况灵活掌握。

（二）人工繁殖

1. 催产

采用腹腔注射法，注射部位以腹鳍基部为宜，一次性注射。雌雄比为（2～3）∶1。翘嘴鲌注射 HCG 和 LRH－A_2 混合剂，三角鲂注射 DOM 和 LRH－A_2 混合剂，注射催产剂后，按每产卵池放入 30～40 组亲鱼，产卵池上方加盖网衣，保持冲水，避免人为干扰。催产后的效应时间见表 2。

表 2　翘嘴鲌和三角鲂注射催产药物剂量及在不同温度下的效应时间比较

品　种	催产药物剂量	水温（℃）	效应时间（小时）
翘嘴鲌	雌鱼：HCG 1 000～2 000 国际单位/千克＋LRH－A_2 5～10 微克/千克；雄鱼剂量减半	24～25	9～10
		26～28	7～8.5
三角鲂	雌鱼：DOM 3～5 毫克/千克＋LRH－A_2 10～20 微克/千克；雄鱼剂量减半	24～25	8～9
		26～28	6～7

2. 杂交授精

待发情产卵后，及时将亲鱼捕出，分别采集翘嘴鲌卵子和三角鲂精液。以翘嘴鲌发情时间为控制节点。采用干法人工授精，将采集的翘嘴鲌卵子和三角鲂精子进行混合，受精卵经泥浆脱黏后移入孵化环道或孵化桶孵化。催产后亲鱼经 0.1 毫克/升聚维酮碘消毒处理后放回池塘培育。

3. 产卵与孵化

将受精卵放入孵化环道或孵化桶孵化，其中孵化桶 30×10^4～50×10^4 粒/米^3，孵化环道 50×10^4～80×10^4 粒/米^3，孵化水流速度以鱼卵不沉积为度。孵化水质要求清洁清新，孵化用水须用 80 目以上的尼龙网过滤。水温 24～27 ℃，受精卵经 24～36 小时孵化出膜。

（三）苗种培育

1. 夏花鱼种培育

鱼苗出膜后2～3天，体鳔形成、能在水中平游时，即可带水出苗，转入预先培肥的苗种培育池塘中，进入苗种培育阶段。放养前10～15天，用75～150千克/亩的生石灰干塘消毒，消毒后2～3天，注入经60～80目筛网过滤的新水40～50厘米，每亩施经发酵的有机肥100～200千克。

鱼苗要求鱼体透明，色泽光亮，不呈黑色。喜集群游动，行动活泼，有逆水能力。畸形率小于1%，损伤率小于1%，无病症。每亩放养鱼苗10万～20万尾。

鱼苗下池后，每10万尾鱼苗每天均匀泼洒黄豆浆1.5～2千克。当鱼苗全长2厘米后，增加投喂粉状全价配合饲料，每天2～3千克/亩，分上午、下午2次投喂。下塘一周后，每3～5天加注一次，每次10～15厘米。水深80～100厘米后，采用调水方式，使透明度保持在20～30厘米。鱼苗全长至3厘米以上即可出池，进入冬片鱼种培育阶段。

2. 冬片鱼种培育

池塘清整、基础饵料培养同夏花鱼种培育。冬片鱼种要求体形正常，体表光滑，有黏液，色泽正常，游动活泼，鳍条、鳞片完整。畸形率小于2%，损伤率小于2%，无病症。95%以上全长达到3.0～4.0厘米。每亩放养1万～1.5万尾。放养前用3%～5%食盐水浸浴3～5分钟。

鱼种全长8厘米以后以膨化颗粒饲料为主，粗蛋白含量要求40%以上。日投喂占鱼体重总量2%～5%，以1小时吃完为度，分上午1次、下午2次投喂。每5～7天加换一次新水，每次换水量10～15厘米，池水透明度控制在25～30厘米。定期交替使用生石灰或氯、溴制剂等消毒水体，用微生物制剂调节水质。每天巡塘早晚各一次，观察和记录天气、水质、鱼的吃食活动和生长情况。当鱼种培育至8厘米以上时即可出池，进入成鱼养殖阶段。

三、健康养殖技术

（一）健康养殖模式和配套技术

1. 适宜养殖的条件要求

“太湖鲂鲌”适宜在全国各地人工可控的淡水水体中养殖（雌雄两性可育，性腺发育正常，2龄性成熟），主要养殖模式为池塘专（单）养、池塘循环流水养殖和网箱养殖。

2. 池塘专（单）养

（1）放养前准备　要求池底平坦，不渗水，面积 2 000～5 000 米^2，水深 1.5～2.0 米。按每 1 000 米^2 配备增氧机 0.45～0.75 千瓦。鱼种放养前 10～15 天，排干塘水，清整池塘，清除过多淤泥，每亩用 75～150 千克生石灰化浆全池均匀泼洒消毒。消毒后 2～3 天，注入经 60～80 目筛网过滤的新水40～50 厘米，每亩施经发酵的有机肥 100～200 千克，分散堆放在池四周池水淹没处。

（2）鱼种放养　放养时间为每年 12 月至第二年 3 月。全长 10 厘米以上，要求大小均匀、体质健壮、体表光洁，无病、无伤、无畸形。放养前用 3%～5%食盐水浸洗 10～15 分钟。每亩放养鱼种 1 500～2 000 尾，适当搭养青虾、鲢、鳙、鲫等。

（3）饲养管理　以全价膨化配合饲料为主，要求粗蛋白含量 36%以上。采用“慢、快、慢”投饲方式，一日 2～3 次。日投饲量占鱼体重的 2%～3%，视摄食情况适当调整。放养后一个月内注满池水，视温度、水质情况适时添加水，每次换水量 20～30 厘米，使池水透明度保持在 20～30 厘米。

（4）日常管理　每天早晚巡塘一次，观察水质和鱼体摄食、活动情况，及时捞除残饵、死鱼，并做好日常记录。高温季节、闷热天气中午开机增氧，防止浮头。

3. 池塘循环流水养殖

（1）放养前准备　提早 10～20 天进满池水，减少鱼槽表面的粗糙度。适时开启气体式增氧推水设备。做好两端的拦网，在不锈钢拦网内再加一层尼龙网防止擦伤。

（2）鱼种放养　放养鱼种 100～200 尾/米^3，放养前用 3%～5%食盐水浸洗 10～15 分钟。循环水处理区放养少量滤食性鱼类。

（3）饲养管理　投饲管理同池塘养殖，根据天气情况每天 1～3 次，以鱼 30 分钟内吃完为宜。有浮头预兆或天气闷热时，减少投饲量。

（4）日常管理

① 水质管理。池塘水位保持在 1.5 米以上。每隔 30 天左右用一次复合碘进行水体消毒。养殖期池水的透明度控制在 30～40 厘米。

② 池塘增氧。当水槽内放养鱼种后，气提式增氧推水设备 24 小时不间断开动，每个鱼槽前期开动 1 套，中后期则开动 2 套；投喂饵料时开启底增氧，确保饵料在水槽中间，避免鱼与水槽壁的摩擦，保证池塘水体流动及溶解氧充足。

③ 水槽吸污。每天吸污的次数和时间视投喂量和排泄量而定，每天吸污 1～3 次。

④ 巡塘。做到早、中、晚 3 次巡塘，检查吃食、浮头和水质变化情况等，发现问题后及时采取措施。

4. 网箱养殖

要求水域开阔，水深 3 米以上，透明度 1 米左右，pH 6.8～8.0。网箱规格一般为（3.0～5.0）米×（4.0～8.0）米×（2.0～3.5）米，上加网盖，网目大小以不逃鱼为原则。鱼种放养密度为 50～80 尾/米^2。投饲管理同池塘养殖，要求少量多次，以半小时吃完为度。日常管理除观察鱼体摄食、生长与捞除死鱼外，主要根据网目堵塞情况洗刷箱体，检查网箱有否破损，防止逃鱼现象发生。

（二）主要病害防治

1. 病害预防

“太湖鲂鲌”抗病能力较强，在养殖过程中较少发生大规模病害。在整个养殖周期内，做到“预防为主、防重于治”。病害预防一般有以下措施：①放养前对池塘进行清整消毒；②鱼苗、鱼种入池（网箱）前严格消毒；③保持水质清新，饲料新鲜、适口、充足；④定期使用微生物制剂改善水质；⑤定期对池水消毒，方法为每隔 30 天用生石灰全池泼洒一次，使水中浓度达到 8～10 毫克/升，每隔 15 天全池或全箱泼洒氯、溴制剂，用量为三氯异氰尿酸 0.1 毫克/升、二氧化氯 0.1～0.2 毫克/升、二溴海因 0.2～0.3 毫克/升；⑥及时捞出病鱼、死鱼，并进行深埋处理。

2. 病害防治

养殖过程中可能发生的病害及其防治方法见表 3。

表 3　常见鱼病及防治

疾病种类	发病季节	主要症状	防治方法
小瓜虫病	主要流行于初春和秋末，水温 15～25 ℃	体表、鳍条或鳃部布满白色小点或点状囊泡，鳃丝充血，体表黏液增多	①放养前，用生石灰彻底清塘，适当肥水，并降低养殖密度；②发病时，用 1%～2%食盐水或 0.5～1.0 毫克/升高锰酸钾溶液浸泡 5～10 分钟
锚头鳋病	水温高于 12 ℃	肉眼可见虫体头部钻入鱼体肌肉组织，引起慢性增生性炎症，伤口处出现溃疡	①用生石灰彻底清塘杀死锚头鳋幼虫；②每立方米水体用 0.2～0.5 克晶体敌百虫，全池泼洒；0.001 25%～0.002%高锰酸钾溶液浸泡 1 小时
水霉病	早春、冬季，水温低于 20 ℃	鱼体伤处布有白色棉毛状菌丝，寄生部位充血。	①生石灰彻底清塘，避免鱼体损伤；②受伤鱼体涂抹碘酒或用 37%甲醛浸泡，发病时，用 150 克/亩“美婷”全池泼洒，每天 1 次，使用 1～3 天

（续）

疾病种类	发病季节	主要症状	防治方法
车轮虫病	春、夏、冬初期，阴天多雨天气易发生	病原体寄生于鳃部和体表；患病后，鱼体发黑、消瘦，嘴圈发白，呼吸困难，游动缓慢	①用生石灰彻底清塘消毒，鱼种放养前，用3%～5%食盐水浸泡5～10分钟；②用0.7毫克/升硫酸铜、硫酸亚铁合剂（5∶2）全池泼洒，或市售杀灭车轮虫专用药物，如车轮净等

四、培育单位和种苗供应单位

（一）育种单位

浙江省淡水水产研究所

地址和邮编：浙江省湖州市杭长桥南路999号，313001

联系人：顾志敏

电话：0572－2043911

Email：guzhimin2006@163.com

（二）种苗供应单位

湖州浙北水产新品种繁育技术开发有限公司

地址和邮编：浙江省湖州市吴兴区八里店镇叶家漾，313017

联系人：贾永义

电话：0572－2045712

（三）编写人员名单

顾志敏，贾永义，蒋文枰，刘士力，迟美丽，程顺，郑建波。

斑节对虾“南海2号”

一、品种概况

（一）培育背景

斑节对虾（*Penaeus monodon*）种质创新不足，是制约我国斑节对虾产业发展的重要因素之一，其育种工作是一项长期而艰巨的任务。斑节对虾是养殖对虾类中经济价值较高的一种对虾，也是我国传统养殖对虾种类，且适合大规格虾养殖。近十多年来，由于缺乏良种，苗种良莠不齐，斑节对虾养殖未能获得大的发展，其产量一直在 6 万～7 万吨波动。因此，培育出优良品种，是养殖业亟待解决的问题。在“十一五”“十二五”期间，中国水产科学研究院南海水产研究所在国家和省部级项目资助下，开展了斑节对虾育种研究，并培育出快速生长“南海 1 号”新品种和多个具有不同经济性状的育种核心群体。尽管斑节对虾育种工作取得了突破性进展，但是良种仍然不足，其制约产业发展的基本格局仍然没有得到根本性的改变，育种工作需要长期坚持下去。早期的群体选育，初步解决了提高生长速度的问题。后续的相关育种研究，在抗逆性状育种和杂交优势利用方面，还需要长期坚持不懈的努力。

目前，我国斑节对虾养殖生态环境胁迫因素多、病害严重等，养殖成功率较低，因此，对于养殖户来说，对于良种的要求是生长速度快、养殖成活率高。本项目拟利用国内已培育出新品种（系）和保存的优质种质群体，通过测试群体之间的生长和养殖成活等性状的配合力，筛选出最佳杂交组合，培育出生长快、成活率高的新品种。

（二）育种过程

1. 亲本来源

斑节对虾“南海 2 号”源自 2 个选育群体：

（1）母本　“南海 1 号”新品种，特点是生长速度快，比普通品种体重生长速度提高 21.6%～24.4%。

（2）父本　非洲品系选育群体，特点是生长速度快、耐高氨氮。该群体是从 2009 年开始，以非洲南部附近海域斑节对虾野生种质资源群体为基础群体，经过多代的家系选育和 BLUP 育种获得的新品系。选育到第三代时，高育种值家系组的体重生长速度比平均育种值家系组提高了 15.34%，96 小时耐高氨氮胁迫存活率提高 11.23%。

2. 技术路线

技术路线见图 1。

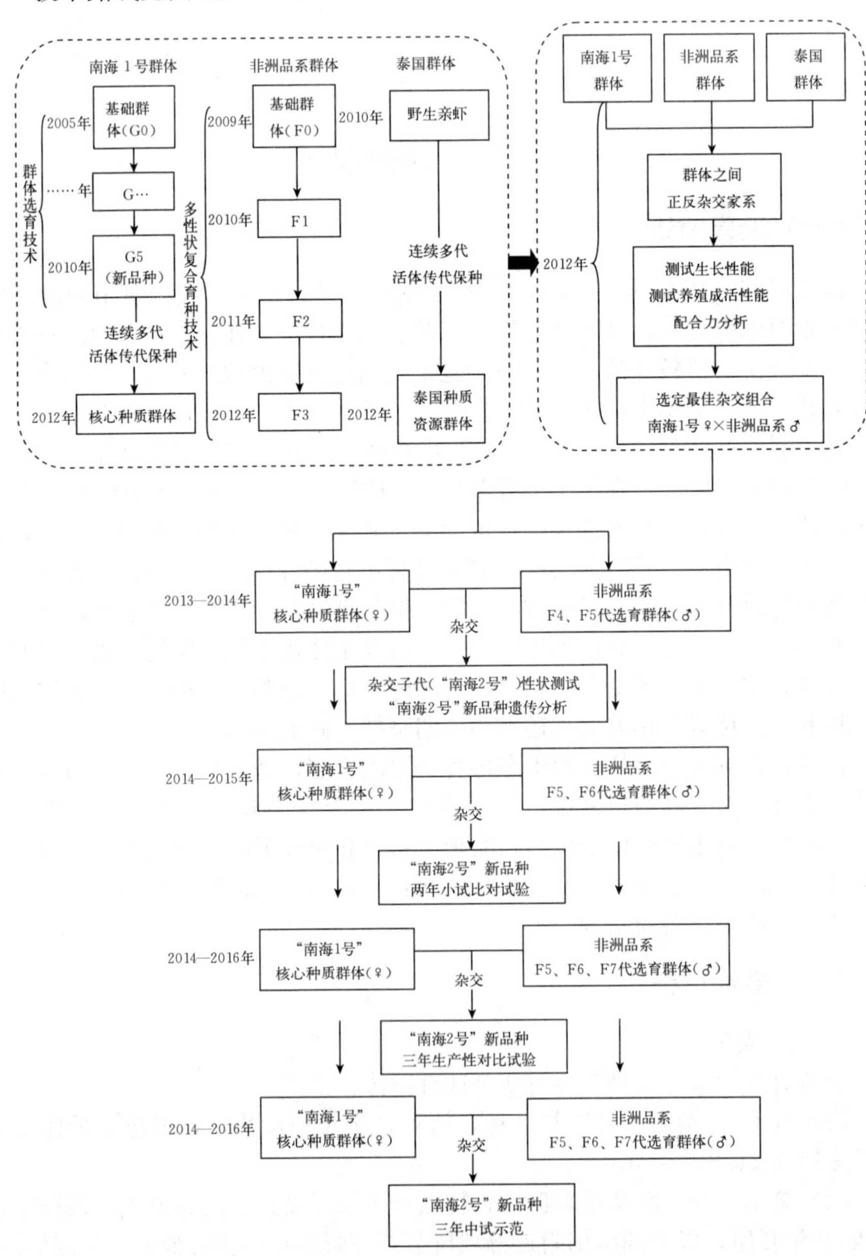

图 1　斑节对虾"南海 2 号"育种技术路线

3. 培育过程

2012年3月，从斑节对虾“南海1号”核心种质群体、非洲品系选育群体以及保存的泰国种质群体中，选择个体大、健壮、性腺发育好的个体作为种虾，按照双列杂交试验设计定向配种，计算不同来源的斑节对虾群体间杂交配合力，筛选出杂交优势显著的杂交组合。2012年10月，进行斑节对虾“南海1号”核心种质群体、非洲品系选育群体和泰国群体之间体重和成活率性状配合力及杂种优势的分析，结果显示，“南海1号”群体（♀）×非洲品系选育群体（♂）组合体重和成活率的特殊配合力效应值最高，且杂种优势最为明显。因此，本项目组确定选择“南海1号”为母本和非洲品系选育群体为父本，进行杂交制种，开展斑节对虾“南海2号”新品种培育工作。

2013—2014年，项目组在南海水产研究所的深圳和三亚试验基地，连续两年进行了“南海1号”群体（♀）×非洲品系选育群体（♂）杂交子代（“南海2号”）的生长和养殖成活率性状进行了测评，结果显示“南海2号”的杂种优势明显。

自2014年开始，斑节对虾“南海2号”苗种在广东、海南等地进行了生产性对比试验和中试示范，生长和养殖成活率等生产性状表现良好。三年累计推广辐射面积1多万亩，“南海2号”新品种在养殖过程中普遍表现出生长速度较快、养殖成活率高的特点。

（三）品种特性和中试情况

1. 主要性状

（1）表型性状　斑节对虾“南海2号”体表光滑，壳稍厚，体色由暗绿色、深棕色和浅黄色环状色带相间排列。游泳足浅蓝色，其缘毛桃红色。

（2）经济性状　斑节对虾“南海2号”在相同养殖条件下，4月龄虾成活率比母本“南海1号”平均提高12.4%（相对值），生长速度比父本非洲品系平均提高10.24%；与斑节对虾非洲野生群体繁殖的第一代苗相比，4月龄虾生长速度平均提高26.45%，成活率平均提高24.6%（相对值）。

2. 中试情况

（1）历年对比小试结果　2014—2015年，连续两年项目组挑选性腺发育成熟的“南海1号”雌虾和非洲品系雄虾，进行交配，规模化繁育“南海2号”虾苗。虾苗经标准化培育到P15后，分别运往台山市润峰水产养殖有限公司和珠海市斗门区长丰水产种苗科技有限公司两个公司，进行了“南海2号”生长性状和成活率对比试验。

以母本“南海1号”、父本非洲品系选育群体以及普通品种（非洲野生群体繁育的虾苗）作为对照，测试斑节对虾“南海2号”新品种的生产性能，进行了为期4个月的生长和养殖成活率比较测试，结果见表1和表2。

表 1 “南海 2 号”和对照组生长对比试验结果

测试地点	年份	体　重						
		“南海 2 号”（克）	母本“南海 1 号”（克）	比母本提高（%）	父本非洲品系（克）	比父本提高（%）	普通品种（克）	比对照组提高（%）
润峰水产	2014	19.19	18.28	4.97	17.43	10.10	15.23	26.03
	2015	18.83	17.92	5.08	17.17	9.67	14.93	26.12
长丰水产	2014	17.02	16.17	5.26	15.9	10.59	13.45	26.53
	2015	16.88	16.05	5.17	15.26	10.61	13.28	27.12

表 2　“南海 2 号”和对照组成活率对比试验结果

单位：%

测试地点	年份	成活率						
		“南海 2 号”	母本“南海 1 号”	比母本提高（相对值）	父本非洲品系	比父本提高（相对值）	普通品种	比对照组提高（相对值）
润峰水产	2014	67.1	59.6	12.6	65.8	2.0	52.8	27.1
	2015	67.8	60.2	12.6	66.7	1.7	54.3	24.9
长丰水产	2014	69.5	61.8	12.5	68.1	2.1	56.3	23.4
	2015	70.3	62.8	11.9	69.1	1.7	57.2	22.9

（2）“南海 2 号”新品种中试　分别在广东、海南等省进行了“南海 2 号”中试养殖，累计面积 13 400 亩。

2014—2016 年，广东省水产养殖技术推广总站斗门分站进行了“南海 2 号”中试养殖，以低密度大水面生态健康养殖模式为主，养殖面积 1.25 万亩，平均亩产量 95 千克，成活率 25%～30%。

2015—2016 年，台山顺发水产有限公司和广东汕尾梅陇农场对虾养殖个体户进行了“南海 2 号”中试养殖，以中低密度土塘健康养殖模式为主，养殖面积 700 亩，平均亩产量 203 千克，存活率 51%～62%。

2015—2016 年，乐东大角湾种养殖专业合作社进行了“南海 2 号”中试养殖，以高位池精养模式为主，养殖面积 120 万亩，平均亩产量 504.8 千克，存活率 64%～67%。

二、人工繁殖技术

（一）亲本选择与培育

1. 亲虾选择

斑节对虾“南海 2 号”父母本亲虾选择标准：首先应做健康情况检查，确认无白斑综合征病毒（WSSV）等特定对虾病毒性病原；虾体健康，表观身体饱满、具有鲜亮的色彩，体色正常、附肢完整，没有任何损伤；鳃部和身体表面清洁；雌虾体重达75克以上，雄虾体重达50克以上。

2. 亲虾运输

常规注意事项：选择亲虾应尽量减少操作处理及搬用次数，移动对虾使用小抄网等工具，避免人手直接接触对虾，必需用手检查时，应戴棉线手套，缩短握虾时间；盛虾桶或袋内的海水保持高溶解氧，24小时以内的运输过程中不必喂食，只有当亲虾或种虾的甲壳处于坚硬状态，才允许运输，并且要在额剑上套上乳胶管。

3. 亲虾暂养培育

亲虾培育池也同时是亲虾自然交配池。每平方米养殖10尾虾。为提高雌虾受精率，亲虾雌、雄比例按照1∶(1.2～1.5) 搭配，增加交配概率。

斑节对虾没有明显交尾季节，只要雌虾进入成虾期，即可和雄虾自然交尾。交尾时间是雌虾蜕壳后不久。已经交尾的雌虾，纳精囊具有精子，精子可在纳精囊内保持较长时间。但是如果雌虾性腺未发育，进入纳精囊的精荚也会随着雌虾蜕壳发育而丢失。只有雌虾性腺发育进入繁殖期，交尾后，没有太大的刺激，雌虾不再蜕壳，纳精囊的精子不易丢失。待产卵后，再次蜕壳后再交配。

（二）人工繁殖

1. 人工催熟

进入亲虾池后，经过3～5天的恢复，即可进行单侧眼柄切除手术，促进性腺成熟。虽然切除眼柄的方法很多，但是比较好的方法是烫捏法。手术过程：左手拿亲虾，右手拿长柄镊子，镊子头部宽2～3毫米，将镊子头部在酒精灯上烧成微红后，挑起对虾一侧眼柄，在靠近眼球的眼柄部位相挤捏烧，使眼柄组织死亡。

2. 日常管理

水质控制：亲虾培育水质管理包括水温27～28℃，盐度28～32，pH 7.6～7.8，溶解氧大于5毫克/升，氨氮小于0.6毫克/升。为了达到并保持上述水质要求，应每天捞去残饵、吸污、换水，视水质状况确定换水量和管理措施。

光线控制：为了避免惊扰亲虾，应保持环境黑暗或光线较暗，通常以黑布帘遮盖窗户或亲虾培育池上方。

饲料与喂食：该培育阶段通常以鲜活饲料为主。饲料种类为鲜活或冰冻的贝类、鱿鱼、沙蚕等。每天投喂饲料3～4次。

性腺成熟观察：亲虾通常在切除眼柄手术3～5天后，即有部分亲虾性腺成熟。此时，每天应注意性腺发育观察。为了减少对亲虾的干扰，一般采取水下灯光观察。成熟的亲虾应及时捞出安排产卵。

3. 亲虾产卵

每天 17:30 前后，进行全面检查亲虾，把性腺成熟的亲虾放到产卵池产卵，每平方米放入亲虾 1～2 尾，并投喂少量消毒过的鲜活饵料（每尾亲虾4～6 尾活沙蚕）。调节产卵池保持微波状的气量，注意充气量不能太大，否则会产生“溶卵”现象。亲虾产卵后第二天清晨，把亲虾捞出放回亲虾池中继续培育，同时把产卵池中的残饵、粪便等脏物清除。然后搅拌产卵池池水，使受精卵翻动，漂浮在水中，尽量均匀分布在池中，每隔 20～30 分钟搅拌一次。水温在 30 ℃时受精卵经 12～18 小时孵出无节幼体。通常将孵化后的无节幼体再移入育苗池。

4. 无节幼体的清洗与消毒。

收集到的无节幼体用洁净的消毒海水冲洗 1～2 分钟，按着用（200～300）mg/L福尔马林溶液冲洗或浸泡 30 秒，再以 0.1 mg/L 碘溶液浸泡 1 分钟，然后再用洁净的消毒海水冲洗 3～5 分钟，最后按 10 万尾/米^3 的密度把无节幼体移入育苗池中培育。

（三）苗种培育

1. 无节幼体

亲虾产卵后 12～18 小时，受精卵会孵化无节幼体，其外形似小蜘蛛，略具游泳能力，有趋光性。由于无节幼体的耗氧量不大，因此充气量不需太强，保持与亲虾产卵时相同，pH 7.8～8.4，盐度 28～35，水温保持在（30±0.5)℃。

无节幼体不摄食，依靠自身的卵黄为营养。无节幼体共要经过 6 次蜕壳（N_1～N_6），在 30 ℃左右的环境中需 48～50 小时即可完成无节幼体的变态，进入溞状幼体阶段，幼体即开始摄食。由于幼体的发育并不完全一致，为了避免变态速度快的幼体残食变态慢的幼体，在 N_6 期应先行投入骨条藻等单胞藻类。

2. 溞状幼体

溞状幼体是开始摄食的阶段，主要以植物性浮游生物单胞藻类为食，池水中的单胞藻的密度维持在（10～20）×10^4 个细胞/毫升，并可兼投若干人工配合饵料，从溞状幼体Ⅲ期开始，可投喂轮虫。人工饵料的颗粒大小要适宜，应用 200～300 目的筛绢网过滤。

溞状幼体期充气时应随着幼体的发育及投饵量的增多而逐渐增大，水温 30～31 ℃，pH 7.8～8.6，氨氮含量不高于 0.6 毫克/升，溶解氧不低于 5 毫克/升。溞状幼体共需蜕壳 3 次（Z_1～Z_3），在一般情况下，3～4 天即可完成此期，变态进入糠虾幼体期。

3. 糠虾幼体

糠虾幼体的食性已转换到以动物性饵料为主，除单胞藻还要保持一定的数量外，必须投喂轮虫等动物性饵料，在糠虾幼体Ⅲ期还应投喂少量卤虫的无节幼体。同时可用人工饲料及微粒饲料加强其营养，人工饵料的颗粒大小要适宜，应以150～200目的筛网过滤再进行投喂。每日数次检查幼体胃肠饱满情况和水中饵料生物的数量，以适当调整饵料的投喂数量。

水温控制在31℃左右，充气量1.5%～2.0%，pH 7.8～8.6，氨氮含量不高于0.6毫克/升，溶解氧不低于5毫克/升。

糠虾幼体尾节已呈扇形，与溞状幼体相比体形更加拉长，步足已产生，一般呈头下尾上的状态悬浮在水中。此期共需蜕壳3次（M_1～M_3），在30～31℃水温时，3～4天即可完成变态进入仔虾期。

4. 仔虾

此期的幼体外表与成虾相似，腹足渐渐发挥功能，游泳呈正常状态，仔虾幼体大多每天蜕壳一次，所以依其成长的日数称其为PL_1、PL_2……、PL_5以后的仔虾幼体有底栖及靠池壁的习性。随着仔虾幼体的成长，到PL_{12}～PL_{15}，体长1.2厘米的时候即可出售。

仔虾期应着重满足其动物性饵料的需要。主要以卤虫的无节幼体为食，每天投喂4～6次，在投喂卤虫无节幼体的间隔期辅以人工饲料（虾片、BP、粉料等），每天也是4～6次，人工饲料用60～100目的筛网过滤。

仔虾每日换水量30%～40%，用特制的装有60目筛网的排水管以虹吸的方法排水，然后加入预热过与育苗池内水温相差不超过0.2℃的经过沙滤、消毒的海水。

仔虾期充气量比糠虾幼体期大，育苗池水面呈沸腾状。水温30～31℃，虾苗出售前一天，停止加温使水温逐渐降至室温；pH 7.8～8.6；氨氮含量不高于0.8毫克/升；溶解氧不低于5毫克/升。此期可根据出售地点养成环境逐渐加入淡水，调低育苗池海水的盐度，以对仔虾幼苗进行驯化（淡化）。

5. 出苗与运输

仔虾全长达到1.2厘米时方可出池。出苗前一两天，逐渐把水温降到室温，以便虾苗出池后能较好地适应养成池的水温，有助于提高成活率。

三、健康养殖技术

（一）健康养殖（生态养殖）模式和配套技术

1. 养殖放苗前的准备工作

（1）清污整池　对虾全部收获之后，需要清污整池。有塑胶衬底的养殖池清污比较简单，一般使用高压水枪清除衬底上的淤泥、附着的藻类等生物。一般的土池，应将养殖池及蓄水池、沟渠等积水排净，封闸晒池，维修堤坝、闸门，并清除池底的污物、杂物，特别要清除丝状藻。沉积物较厚的地方，清除后应翻耕曝晒或反复冲洗，促进有机物分解排出池外。

（2）消毒除害　对养殖池、蓄水池及所有渠沟进行消毒，清除病原细菌、病毒及其他有害微生物。消毒药物可选用含氯消毒剂、含碘消毒剂、氧化剂等，药物严格按使用说明应用。严禁使用易引起人畜中毒的药品。消毒方法通常采用水溶液消毒，可将池内注水10～20厘米，药物溶入水后，搅拌均匀，并将药物泼到药水溶液浸泡不到的堤坝等地方。经常使用的药物有下列几种：

生石灰：每立方米水体用量为1～2.0千克，均匀撒入池中。可杀灭鱼、虾及微生物。如果池底为酸性土壤，可酌情加大生石灰使用量。

漂白粉：每立方米水体加入含有效氯25%～32%的漂白粉50～70克，可杀灭原生动物、病毒、细菌等病原生物。

（3）纳水及繁殖饵料生物　养殖池消毒结束，加入过滤、杀菌处理干净的海水0.8～1.0米，如有条件，可接种已培育的微型生物饵料、微藻（绿藻和硅藻）及有益细菌，调节养殖池水色为微绿、微黄或淡黄褐色。培水期间可加入有益细菌，每亩适用量依据菌种、菌液中的含菌量而定，按产品的生产单位规定的方法使用。

2. 选苗与合理投苗

健康的虾苗是养好虾的关键，优质斑节对虾应体表清洁有光泽，大小均匀，腹部肌肉肥硕，逆水性强，触须并拢，尾扇分开，附肢无黏附杂物，不携带WSSV、IHHV等病毒。

应该严格控制放苗数量。体长1.2厘米规格的虾苗，集约化养殖池塘建议投放30 000～40 000尾/亩，普通土池建议投放15 000～25 000尾/亩，鱼虾蟹混养建议投放5 000～15 000尾/亩。

3. 科学喂养

养殖斑节对虾的饲料应颗粒均匀，大小与虾的摄食能力相符，在水中软化快，稳定性强，不易溃散，腥香味浓郁，适口性好。

投喂饲料时宜全池均匀投撒，少喂多餐，每天投喂3～4餐，以投饲料后1～1.5小时食完，虾基本吃饱为度。注意不要过量投料，以免既加大饲料成本，又加速虾池污染，危害斑节对虾的健康生长。

4. 科学管理

养虾技术人员应每日凌晨及傍晚巡池一次，仔细观察养殖池环境变化、水色、对虾活动和安全状况，并做好记录。检查的主要内容如下：

① 测量水温、溶解氧等水质要素：每日日出之前及16:00测量溶解氧、

水温、pH。每日测一次透明度，不定期测池水盐度变化，经常检测池内浮游生物种类及数量变化，检测氨氮等其他水质要素的变化。下述指标适用于斑节对虾健康养殖（表3）。

表3　斑节对虾健康养殖水环境指标

环境参数	适宜指标	变化范围
溶解氧	5毫克/升以上	短时间不得低于4毫克/升
总碱度	80～120毫克	—
pH	7.8～8.6	日波动不得大于0.5
氨	非离子态小于0.1毫克/升	总氨氮不得大于0.6毫克/升
透明度	20～30	20～40厘米
盐度	10～30	2～35，日波动不大于5

② 观察对虾活动及分布。正常情况下，对虾在池底索食，如发现对虾沿池边定向游动，属于不正常情况，可能缺饵料或池底不适。少数虾在池表层水面无方向缓慢漫游，时沉时升，应捞出检查是否发生疾病。发现病虾及死虾要及时捞出，检查病因、死因。

③ 养成期应经常做病原生物检测。重点做白斑综合征病毒和弧菌检测。

5. 养殖期的水环境管理

（1）保持水位及换水　养殖前期，每日少量添加水3～5厘米，直到水位达2米，保持水位。此期间如果盐度达32以上，盐度还继续升高，又无淡水可加，每日可少量排出池水，加入蓄水池的水。养殖中后期，根据透明度及藻相变化，如透明度低于20厘米，或透明度大于80厘米，有害的单胞藻过量繁殖等，均需酌情换水，采取少换、缓换的方式，勿大排、大灌。

整个养殖期要保持水位在2米以上，严防养殖池渗漏。如有可用的淡水资源，可适量使用淡水，使养殖池保持适宜的低盐度。调节养殖池维持较低的盐度，对防病有重要作用。虽然对虾可以在广泛幅度的盐度水域内生长，但盐度为15～25条件下，有益的单胞藻，如绿藻、硅藻等为主的藻类容易繁殖和控制，藻相稳定，这对稳定水环境有重要作用。

（2）使用增氧机　增氧机的开机时间可根据溶解氧需要和池内对虾密度决定，但在正常情况下，放苗以后的30天内，每天开机两次，在中午及黎明前开机1～2小时；养殖30～60天后可根据需要延长开机时间。养殖90天后，由于水体自身污染加大，对虾总重量增加，需要全天开机。此外，在阴天、下雨天均应增加开机时间和次数，使水中的溶解氧始终维持在5毫克/升以上。

增氧机放置数量及放置增氧机的位置应依据池形、面积决定。通常每池设4台，设置在池的四角。设置点离开池坝3～5米，相互成一定角度，有利于形成同方向水流，集中残饵、污物。

注意：对虾投饲时应减少开机台数，或停机0.5～1小时，以利于对虾摄食。

（3）微生态调控

① 定期施用芽孢杆菌。养殖过程中定期施用芽孢杆菌，既有利于快速降解养殖代谢产物，促进养殖池塘中的物质循环，又有利于促进优良浮游微藻的繁殖与生长，维持良好藻相，还有利于形成有益菌的生态优势，抑制有害菌的滋生。

精养水体一般较肥，芽孢杆菌的施用量以池塘水深1米计，有效菌含量为10亿/克的芽孢杆菌菌剂，在养殖前期“养水”时用量为1～2千克/亩，养殖过程每隔7～10天施用1次，直到养殖收获，每次施用量为0.5～1千克/亩。

使用时，可将芽孢杆菌菌剂与0.3～1倍的花生麸或米糠混合搅匀，添加10～20倍的池水浸泡4～5小时，再全池均匀泼洒。养殖中后期水体较肥时适当减少花生麸和米糠的用量。

② 不定期施用光合细菌。养殖过程中施用光合细菌，能有效吸收水体中的氨氮、硫化氢等有害物质，减缓养殖水体富营养化，平衡浮游微藻藻相，调节水体pH。

养殖全程均可使用光合细菌。一般来说，以池塘水深1米计，有效菌含量5亿/毫升的液体菌剂，每次施用量为1.5～3千克/亩，每10～15天使用1次。若水质恶化，变黑发臭时，可连续使用3天，待水色有所好转后再每隔7～8天使用1次。通常使用光合细菌选择在天气晴好的上午进行，净水效果比较明显，但阴雨、弱光天气使用也能发挥很好的净水作用。

③ 不定期施用乳酸杆菌。养殖过程施用乳酸杆菌，能分解小分子有机物，平衡浮游微藻藻相，保持水体清爽、水色鲜活，还能吸收养殖水体中的氨氮、硫化氢等有害物质。

养殖全程均可使用乳酸杆菌。一般来说，以池塘水深1米计，有效菌5亿/毫升的液体菌剂，每次施用量为1.5～3千克/亩，每10～15天使用1次。若遇到水中溶解态有机物含量高、泡沫多的情况，施用量可适当加大至2～4千克/亩。

施用芽孢杆菌、光合细菌、乳酸杆菌等有益菌以后，正常情况下3天内不要使用消毒剂。若水质不良，确实必须使用消毒剂，则应在消毒后2～3天，重新施加菌剂。若刚使用消毒剂或抗生素，则应在停药2～3天后再使用菌剂。

④ 适时使用水质、底质改良剂。使用水质、底质改良剂就是利用物理、

化学的调控原理促使污染物絮凝、沉淀、氧化还原、络合等，去除水中的污染物，从而改善水环境。

常用的改良剂如下：

生石灰（氧化钙）：是一种改善水质的传统物质，具有消毒、调整pH、络合重金属等作用。一般在中后期使用，特别是在暴雨过后使用生石灰调整pH。每次使用量为5～10千克/亩。

沸石粉：具有吸附各类有机腐化物、细菌、氨氮、甲烷和二氧化碳等有毒物质，以及调节池水pH等作用。养殖前、中、后期均可使用，15～20天使用一次。养殖前期每次施用2～5千克/亩，中、后期每次施用5～8千克/亩。

过氧化钙（CaO_2）：是白色或淡黄色结晶性粉末，具有供氧、杀菌、缓解酸毒和平衡pH的作用。养殖中、后期可经常使用，在水质不良、夜晚天气闷热时，直接泼洒5～10千克/亩，既可预防浮头，又可直接氧化改良底质；发生浮头时则立即施用10～15千克/亩抢救。

6. 收获

适时掌握对虾生长情况和市场需求，当对虾达到商品规格时，市场价格适当，要考虑及时收获，取得满意的收成。当养殖场周围其他虾池有大规模暴发虾病的迹象，并可能影响本养殖场的正常生产时，也应适时收虾。

（二）主要病害防治方法

1. 白斑综合征（WSS）

（1）病原体　白斑综合征病毒（WSSV）

（2）症状　WSS的发展有3个阶段。初期：病虾池边游动，拒食，偶尔浮出水面；中期：病虾静窝水底，胃肠空虚，头胸甲和腹甲易被揭开，且不粘连表皮，甲壳上呈现0.5～2毫米的白斑；后期：病虾对外界刺激反应迟钝，大多虾体微红，腹节肌肉略白，血淋巴稀薄不凝固，3～10天内死亡率高达100%。

（3）流行情况　WSSV具有广泛的宿主谱，在甲壳纲和昆虫纲动物中均有其敏感宿主，软甲壳亚纲动物宿主多为十足目的种类，并以虾蟹为主。

（4）防治方法　目前国内外还没有防治对虾白斑综合征的灵丹妙药，但适当使用药物也能收到一定的效果。如在饲料中添加抗菌素、大蒜等能提高中国对虾对白斑综合征的抗病能力；连翘、板蓝根、甘草等中草药浸出液也有一定的防病作用；维生素C对于促进对虾生长、提高抗病力具有明显的效果；“大虾新宝”“鱼虾救星”“对虾克毒王”等在养殖生产中也取得了一定成效。

2. 对虾败血病（红腿病）

（1）病原体　弧菌、气单胞菌等

（2）病症　病虾一般在池边缓慢游动，有时表现为离群独游，行动呆滞，不能控制行动方向，或在水面打转，有的在池边爬行，重者倒伏在池边；厌食或不摄食；附肢变红，特别是游泳足变红；头胸甲鳃丝多呈黄色。游泳足变红是红色素细胞扩张的结果；鳃区变黄呈黄鳃是鳃区甲壳内表皮中的黄色素细胞扩张的结果。肝胰腺和心脏颜色变浅，轮廓不清，甚至溃烂或萎缩。

（3）流行情况　主要危害多种养殖的虾类。发病时间7—10月。

（4）防治方法　①放苗前应彻底清淤消毒，淤泥要运到远离虾塘的地方；用生石灰每亩120～150千克或漂白粉，每亩25千克消毒虾塘。②进入高温季节前应提高池塘水位，保持良好的水质和水色。③下雨季节或池水呈酸性的虾塘，在7～10天内泼洒生石灰一次，每亩5～15千克。④流行病季节定期（每月2～3次）适量泼洒消毒剂。⑤全池泼洒0.2 mg/L的二氯异氰尿酸钠或0.2～0.3 mg/L的“池底清”，之后隔3天每亩施放沸石粉40～50千克，再施放光合细菌等。

四、育种和种苗供应单位

（一）育种单位

中国水产科学研究院南海水产研究所

地址和邮编：中国水产科学研究院南海水产研究所，广东省广州市新港西路231号，510300

联系人：周发林

电话：13570246821

（二）种苗供应单位

中国水产科学研究院南海水产研究所

地址和邮编：广东省广州市新港西路231号，510300

联系人：周发林

电话：13570246821

（三）编写人员名单

周发林，江世贵，黄建华，杨其彬，姜松，杨丽诗，朱彩艳。

海湾扇贝“青农2号”

一、品种概况

（一）培育背景

海湾扇贝（*Argopecten irradians*）原产于美国大西洋沿岸，南起墨西哥湾、北至马萨诸塞州的 Cape Cod 均有分布，是当地的重要渔业经济种类。我国于 1982 年从美国引进了这一品种并人工繁育成功。由于其生长快，养殖周期短（一般春天育苗，当年即可收获，种贝越冬后用于第二年春天育苗），深受养殖户的欢迎，引发了我国水产养殖业的一个发展高潮，成为我国北方养殖区的主要扇贝养殖品种，产量在 2005 年即达到 84 万吨。然而海湾扇贝本身个体较小（5～6 厘米），寿命短（少于 2 年），而且引进后长期只养不育，导致商品贝规格越来越小、育苗养殖过程中死亡率高等种质退化问题出现。据统计，2007 年海湾扇贝亲贝死亡率高达 70%，已严重制约了我国海湾扇贝养殖业的发展。针对海湾扇贝种质退化问题，我国水产育种专家已经从引种复壮和遗传育种的角度开展了大量工作，取得了一定成效，但仍然没有从根本上解决这一问题。因此，扇贝养殖业亟待培养出个体大、生长快、适应性强的扇贝新品种，来支持我国扇贝养殖业的健康、可持续发展。

紫扇贝（*Argopecten purpuratus*）是原产于南太平洋的一种速生型中型扇贝，生长 13～18 个月可达商品规格（9 厘米），最大壳长可达 15 厘米，养殖过程中分泌强大的足丝，有利于笼养，温度适应范围比海湾扇贝略窄，在 6～26 ℃。紫扇贝的壳宽较大，闭壳肌肥大，出肉率高，且味道鲜美，壳形优美，因此其加工产品在美国和欧洲深受欢迎，是世界上公认的优良养殖种类，目前在智利和秘鲁已开展大规模的人工养殖，产量近 3 万吨。紫扇贝和海湾扇贝一样，都是属于 *Argopecten* 属的快速生长种类，但紫扇贝个体较大，商品价值高。同时，由于紫扇贝和海湾扇贝同属于 *Argopecten* 属的雌雄同体型扇贝，种间杂交成功的可能性比较大。因此，需要用紫扇贝与海湾扇贝进行种间杂交以对海湾扇贝进行种质改良，选育出生长速度快、贝柱出肉率高的扇贝新品种。

扇贝“青农 2 号”新品种对实现海水养殖良种化，推动水产养殖业持续、稳定、健康发展具有重要促进作用，其丰富了我国扇贝的品种资源，提高了对不同养殖环境的适应性，对我国商品扇贝的更新换代具有重要意义。

（二）育种过程

1. 亲本来源

亲本Ⅰ：紫扇贝（*Argopecten purpuratus*），2009 年 3 月自秘鲁中部海域引进野生紫扇贝 140 枚，平均壳高（51.3±1.2）毫米（n=30），壳色为紫色；

亲本Ⅱ：海湾扇贝（*Argopecten irradians*），2009 年 2 月采自山东胶南灵山湾养殖区的海湾扇贝，选择 140 枚壳色为黑色的扇贝作为亲贝，平均壳高（61.4±1.8）毫米（n=30）。

2. 技术路线

选育技术路线见图 1。

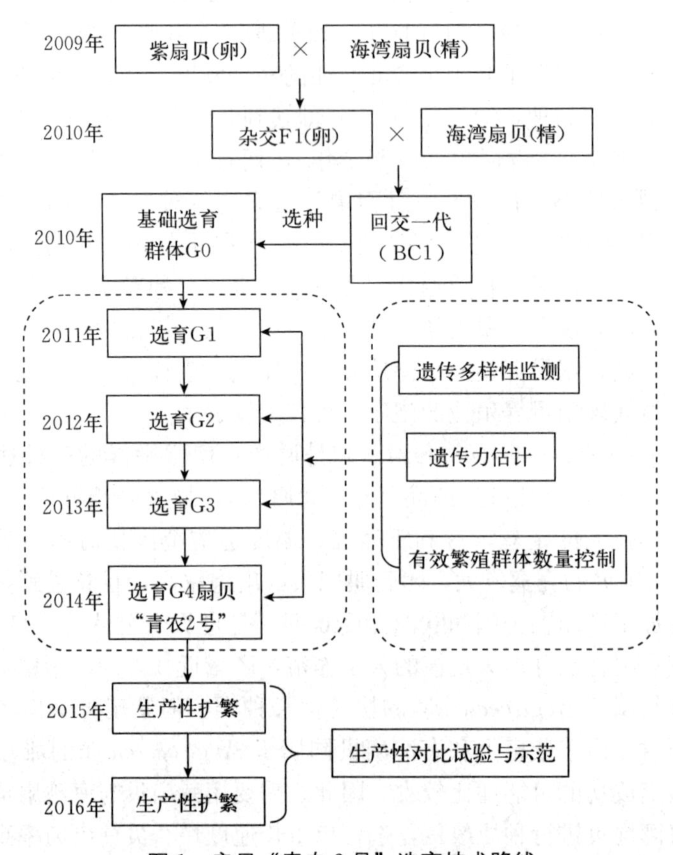

图 1　扇贝“青农 2 号”选育技术路线

3. 选育过程

2009 年以引进的海湾扇贝和紫扇贝为亲本，在胶南福海生水产育苗厂进行种间杂交培育杂交子一代，2010 年以杂交子一代中的壳色为黑色、个体大的扇贝与海湾扇贝回交获得回交一代（BC1）作为基础群体，2011 年通过 BC1 群体内自繁获得了选育 G1 群体，2012—2014 年在青岛海弘达生物科技有限公司位于莱州金城的育种基地开始进行多性状复合育种，以壳色、壳高和体重为主要选育性状从 G1 自繁群体中选择生长速度快、壳色黑色的个体为亲本，经连续 3 代的群体内自繁选育，最终形成生长快、壳色固定、出肉柱率高、抗逆强的新品种（表 1），并于 2015—2016 年在莱州国震水产有限公司位于招远辛庄海域的养殖基地进行了生产性能比较试验。

表 1 “青农 2 号”选育过程

时　间	世　代	选育内容	选育强度	亲本数量（枚）
2009		杂交一代的培育		紫扇贝 140 海湾扇贝 140
2010	G0	回交一代的培育及 基础选育群体构建	9.5%	2 000
2011	G1	选育一代的培育	9.8%	2 000
2012	G2	选育二代的培育	8.4%	2 000
2013	G3	选育三代的培育	8.6%	2 000
2014	G4	选育四代的培育	7.8%	3 000

（三）品种特性和中试情况

1. 品种特征

（1）外部形态特征　贝壳扇形，养殖当年壳长（64.77±1.99）毫米，壳长/壳高为 1.06±0.02，壳宽/壳高为 0.45±0.03；壳较薄，壳色呈黑色，左、右壳较突出，壳表放射肋 17～20 条，肋较宽而高起，肋上无棘；生长纹较明显，中顶；前耳大，后耳小（图 2）。

（2）内部构造特征　外套膜上有触手和外套眼，鳃瓣状，闭壳肌发达且前后闭壳肌融合，性腺位于腹缘，分为明显的精区和卵区，精区成熟时为乳白色，卵区成熟时为橘红色，肠粗壮（图 3）。

2. 优良性状

在相同养殖条件下，与普通海湾扇贝相比，“青农 2 号”收获时与海湾扇贝相比壳高平均提高 16.6%，壳长平均提高 16.1%，壳宽平均提高 11.3%，体重平均提高45.4%，柱重平均提高75.7%。经实地测试，扇贝“青农2号”在2016年12月初壳高（63.1±2.9）毫米，湿重（45.8±6.1）克，柱重（6.5±1.0）克，放射肋17～20条。同期海湾扇贝壳高（54.1±4.8）毫米，湿重（31.5±6.8）克，柱重（3.7±0.9）克，放射肋17～18条。

图2　扇贝“青农2号”新品种外部形态

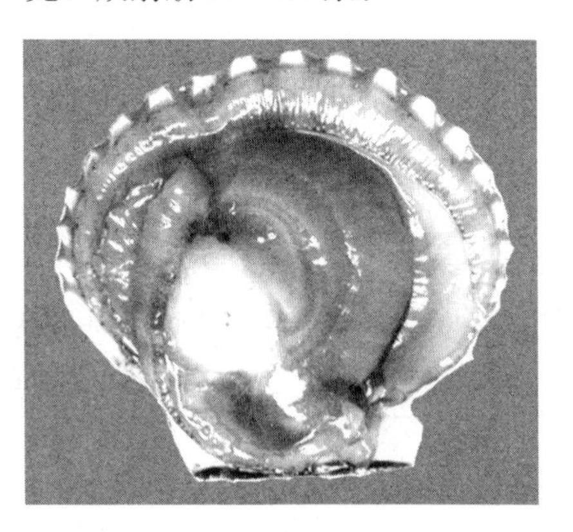

图3　扇贝“青农2号”内部形态

3. 中试情况

（1）*中试方法和结果*　为评估扇贝“青农2号”新品种的生产性状，2015—2016年在莱州国震水产有限公司位于招远辛庄海区的养殖基地进行了连续两年生产性对比养殖试验。扇贝“青农2号”苗种由莱州国震水产有限公司育苗场扩繁，苗种繁育方式为升温苗种，对照组为当地养殖海区的商品海湾扇贝苗种。吊笼养成时采用10层直径为30厘米的养殖笼，层间距20厘米，每层放置35个扇贝，笼间距1米，每400笼为1亩。试验组和对照组的养殖筏架采用相间排列的方式，使得养殖条件和管理方法保持一致。

在养殖当年的12月，随机从中试养殖海区抽取4笼扇贝“青农2号”，混合后再随机抽取60个个体进行壳高、壳长、湿重、软体部重和闭壳肌重的测量；计数每笼存活的个数以计算存活率。采用同样的方法，随机抽取4笼同期同法养殖的海湾扇贝商品苗种对照组样品，同时对比检测各个生产指标。

结果表明，虽然不同年份海区环境有所不同，扇贝“青农2号”新品种的壳高、总湿重、软体部重等方面有差异，但新品种在生产性状方面都显著地优于同期同法养殖的海湾扇贝商品苗种对照组。根据抽样测试，同对照组相比，成体扇贝“青农2号”的壳高、壳长、壳宽、湿重和柱重分别提高14.6%～16.6%、16.1%～17.1%、5.7%～11.3%、45.1%～45.4%和73.1%～75.7%，均显著高于对照组，增产效果显著。

（2）*中试选点*　2014—2016年，分别在山东烟台、山东青岛和河北秦皇岛等海区进行了扇贝“青农2号”的中试养殖，取得了较好的示范效应。

2014年在山东烟台示范养殖1 200亩，平均亩产5 819.1千克；在山东青岛示范养殖60亩，平均亩产量5 436.2千克；在河北秦皇岛试养5万笼，总产量967.5吨。

2015年在山东烟台示范养殖约2 000亩，平均亩产4 901千克，在山东青岛共试养680亩，平均亩产4 521.8千克，在河北秦皇岛试养10万笼，总产量约2 030吨。

2016年在山东烟台示范养殖约5 000亩，平均亩产5 455.8千克，在山东青岛共试养920亩，平均亩产4 816.4千克，在河北秦皇岛试养10万笼，总产量约2 180吨。

二、人工繁殖技术

（一）亲本选择与培育

1. 亲贝来源

扇贝“青农2号”亲贝为经选育性状优良、遗传稳定的群体，保存在特定的良种保持基地。

2. 亲贝培育方法

（1）选种原则　选择壳色黑色，壳高≥62.0毫米，湿重≥40克的个体为核心群，核心群体数量2 000以上。感官符合表2要求。

表2　亲贝的感官要求

项　目	要　求
形态	壳形规则，壳色黑色
壳面	完整无损伤、洁净光滑，附着物少
健康状况	体质健壮、活力好，无病虫害，贝壳开闭有力
内部形态	闭壳肌肥大，性腺饱满，肠粗壮

（2）蓄养方式　亲贝经洗刷除去污物和附着物后，采用网笼或浮动网箱蓄养。

（3）蓄养密度　80～100个/米^3。

（4）入池时间　在2月底到3月初，水温6～8 ℃。

（5）亲贝管理

① 换水倒池：15 ℃前每天倒池一次，15～18 ℃早晚各换水一次，每次换水量1/2，每2天倒池1次，18 ℃以后，采用部分换水或流水的方法改善水质，每天3～4次，每次1/3。

② 吸底：前期不吸底，停止倒池后每天吸污一次。

③ 投饵：每 2～3 小时投喂一次，以硅藻、金藻或扁藻等单胞藻为主，日投饵量为单胞藻饵料浓度（2～3）×10^4 个/毫升（以金藻为例），饵料不足时亦可投螺旋藻粉、淀粉或酵母等代用饵料。

④ 充气：亲贝培育期间宜采用连续充气，以增加水体中的溶解氧，在 20 ℃待产时停止充气，避免早产。

⑤ 水温：培育前期日升温 1 ℃，水温达 15～16 ℃时稳定 2～3 天，以后每天升温 0.5 ℃，20 ℃稳定数日，观察性腺，决定采卵时间。

⑥ 性腺发育观察：定期观察性腺肥满度和颜色，检查精、卵发育情况。当性腺特别饱满，性腺指数达 18%，性腺表面的黑色膜基本消失，卵巢呈暗粉红色，精巢呈乳白色时，即可准备采卵。

（二）人工繁殖

1. 催产

（1）亲贝消毒　用 10 毫克/升高锰酸钾溶液清刷贝壳表面，用沙滤海水冲洗。

（2）诱导产卵　将亲贝阴干 20～30 分钟后，放于 23 ℃的过滤海水中产卵排精。

（3）受精　产卵排精后镜检，每个卵子周围有 5～6 个精子为宜。

2. 孵化

受精卵在 23 ℃孵化。

（1）孵化池　15～20 米^2 室内水泥池，水深 1.2～1.4 米。

（2）密度　30～50 个受精卵/毫升。

（3）水环境条件　水源干净，无工农业污染，pH 7.5～8.6，盐度 25～31，水温 23 ℃。

（三）苗种培育

1. 幼虫培育

（1）选优培育　受精后 20～24 小时受精卵孵化至 D 形幼虫，用 300 目的筛网倒池选取健康 D 形幼虫移入培育池中，进行幼虫培育。

培育池用 15～20 米^2 室内水泥池，水深 1.2～1.4 米。水源干净，无工农业污染，pH 7.5～8.6，盐度 25～31，水温 23 ℃。幼虫密度以 10～15 个/毫升为宜。

（2）日常管理　受精卵发育至 D 形幼虫后，即可投喂金藻等微藻，浓度 5 万～10 万细胞/毫升；随着幼虫生长，可增加投喂角毛藻、扁藻和小新月菱形藻等饵料，混合投喂，勤投少投。

每天早、晚换水各一次，每次换水 1/2，每两天倒池一次，连续微量充气。

（3）附着变态

① 附着基制作：由直径为0.3厘米的棕绳编成棕帘（规格约长50厘米×宽40厘米）或15厘米×60厘米（或40厘米×70厘米）的聚乙烯网片制成附着基。

② 附着基处理：反复冲洗后，用0.05%～0.1%的氢氧化钠溶液或0.2%的漂白粉溶液浸泡24小时，再用沙滤海水冲洗干净待用。

③ 附着基投放：直径为0.3厘米细棕绳附着基，投放量为800～1 000米；15厘米×60厘米的聚乙烯网片每立方米水体35～50网片。

④ 采苗时间：眼点幼虫平均壳长190～200微米，眼点幼虫达40%左右时，便可投放附着基。

⑤ 变态：显微镜下观察，稚贝长出次生壳后即完成变态。

2. 稚贝培育

（1）培育池　15～20 米^2 室内水泥池，水深1.2～1.4米。

（2）水环境　水源干净，无工农业污染，pH 7.5～8.6，盐度25～31。

（3）日常管理　日投喂单胞藻饵料，金藻、角毛藻和三角褐指藻等（2～3）×10^5 个/毫升，扁藻 1×10^5 个/毫升。

每天早、晚换水各1次，每次换水1/2，每2天倒池1次，连续微充气。

3. 稚贝的中间培育

稚贝在培育池中经过6～10天培育，壳高350～500微米时，便可装入80目的网袋，移到对虾养成池或海上继续养育，直到培育成商品苗（壳高0.5厘米）。

（1）选择良好的虾池或保苗海区　虾池应为沙质底，无淡水注入，无大型杂藻，水深1.5～2米。海区应选择风浪平静、透明度大、流速缓慢、饵料丰富的内湾。

（2）保苗管理　虾池应提前先清池，然后进水施肥，接种藻类，待饵料密度提高后移入稚贝。可采用张网式结构，去除网袋，有利于水交换，稚贝生长快。稚贝长到5毫米时可从采苗器上脱离，装入40目网袋并移入海区继续保苗。

（3）海区保苗　根据稚贝的大小及时更换30目、18目网袋并降低保苗密度，大约每3周更换一次网袋。稚贝长到15～20毫米时，可移入孔径为8毫米的暂养笼继续保苗，至25毫米。

4. 商品苗种

（1）规格与要求　苗种规格：壳高0.5厘米以上（含0.5厘米）。苗种健壮，活力强，大小均匀，畸形个体不超过1%。

（2）检验规则　组批规则，以一次交货为一批。从保苗池塘或海区的不同位置随机抽取 4～5 个保苗袋，每袋计量总数以计算每袋的平均数量，以此估算本批苗种的总数量。

5. 运输

运苗应在早、晚进行，采用干运法，途中采取防晒、防风干、防雨、防摩擦等措施，一般运输时间控制在 6 小时以内。

三、健康养殖技术

（一）健康养殖（生态养殖）模式和配套技术

1. 养成方法

（1）筏式养殖　适用于大潮低平潮时水深 4～10 米深近海养殖区；风浪、潮流适中。

（2）养殖设施及设置　浮筏由聚乙烯绳索、浮球和固定缆绳的桩组成。筏架一般长 100 米，筏架间宽 10～20 米。每隔 4 米挂一个浮球，每 100 厘米挂一个网笼；每个网笼 10～12 层，底盘直径 30 厘米，网孔 2 厘米，每层放置 25～30 个“青农 2 号”苗种。

（3）养殖密度　每亩水面可养 10 万～15 万粒苗种。

2. 管理

（1）清除敌害生物及附着物　定期清除肉食性腹足类及甲壳类；洗刷清除附着生物等。

（2）调节养殖水层　在高温或附着生物大量繁殖季节，适当加深吊养水层。

（3）防台风　台风来临前，做好加固、转移等工作。

（4）换笼　随着扇贝的生长，附着和固着生物的增生，水流交换不好，因此应及时做好更换笼网的工作。

（5）严格控制养殖密度　网笼养殖每层养殖扇贝一般不超过 30 粒，每亩可挂养 10 万粒左右。

3. 收获

（1）规格　壳高≥5.5 厘米。

（2）季节　当年 11—12 月。

（二）主要病害防治方法

1. 主要病害

（1）性腺萎缩症

① 病原：病毒样颗粒，该颗粒近球形，无囊膜，直径 50～80 纳米；包涵

体通常位于细胞核附近，为球形、椭球形或肾形结构，大小不一（最大者长径约9微米，短径约8微米）。

② 主要症状：患病软体部消瘦，无光泽，性腺严重萎缩；鳃苍白色并有轻度糜烂；肠道内含物少，呈空或半空状；生殖泡囊形态不规则，生殖细胞肿胀或萎缩，胞质少，未见卵黄积累；消化盲囊、鳃等器官组织也呈现明显的病理学变化特征，主要表现为结构紊乱，细胞变形、甚至溃散。

③ 流行情况：此病主要在春季发生于暂养亲贝中，最终导致约1/3亲贝死亡。

（2）外套膜糜烂病

① 病原：病毒、衣原体等病原微生物；成熟的病毒粒子近球形，直径150～180纳米，由外部囊膜和内部核衣壳组成；核衣壳直径120～130纳米，结构均匀、电子密度高。

② 症状：主要表现为外套膜糜烂，软体部消瘦；严重者，约2/3的外套膜溃烂成胶水状；消化盲囊松软；性腺萎缩；鳃灰白色并呈轻度糜烂状；闭壳肌开合无力。

③ 流行情况：此病症于3月中旬发现于室内培育亲贝（培养水温13～14℃），4月下旬至5月初，海区暂养亲贝中也出现；随温度升高，病症越加严重并陆续出现死亡现象；亲贝死亡率约为50%。

（3）病毒性扇贝幼虫面盘解体病

① 病原：疱疹样病毒，病毒呈六角形或近圆形，未成熟病毒颗粒直径为84～90纳米，病毒颗粒形态不一，有致密拟核型、中空型和双环型等；成熟病毒颗粒由拟核、衣壳和囊膜所构成，颗粒直径约120纳米，有时在一个成熟病毒颗粒内，可看到有2个核衣壳颗粒；偶见具宽松囊膜颗粒，直径150～250纳米。

② 症状：患病幼虫丧失浮游能力，大批下沉，沉于池底的幼虫纤毛仍在摆动，数小时后逐渐出现组织解离呈球块状，靠近壳缘的面盘、口沟、肛门、足等部位的细胞或组织渐渐散落，游泳器官面盘解体，脱落下的纤毛或带纤毛的组织靠纤毛的摆动在壳中或壳外转动，患面盘解体病的幼虫经过一段时间全部死亡。

③ 流行情况：在人工育苗时，3月末4月初选育后5～7天开始发病，培育水温22～24℃。死亡率约100%；病毒的传播途径包括垂直传递和水平传播。

（4）衣原体寄生导致的疾病

① 病原：类衣原体（CLO），其包涵体为圆形及不规则形状，大小约9微米×7微米，HE染色呈蓝色；包涵体发育至晚期破裂，宿主细胞崩解，类衣

原体逸出；超微结构观察显示，其包涵体内部含有大小不同的 3 种个体形态，即网状体、原体和中间体。

② 症状：受感染个体生长缓慢，内脏干瘪，易从附着基上脱落；在发病贝消化腺上皮细胞内可见嗜碱性的类衣原体包涵体。

③ 流行情况：类衣原体可以感染海湾扇贝不同发育阶段（幼贝、稚贝、成贝）的个体，但不同阶段的贝体感染率与死亡率差异较大，幼体组感染率和死亡率分别达 80%和 90%以上；稚贝组分别达 50%和 70%左右；成贝组的感染率达 50%以上，但不导致成贝宿主的大量死亡。

（5）扇贝类立克次体病

① 病原：类立克次体（RLO），形态多样性，呈革兰氏阴性菌样特征；其包涵体由一单层膜包被，形状有球形、椭圆形和棒状，大小一般为（12.3～18.1）微米×（7.7～9.3）微米；HE 染色，包涵体被染成紫红色，包涵体内含有许多嗜伊红颗粒，Feulgen 染色呈阳性。

② 主要症状：病贝外壳上附着生物和污物较多，色泽略深；外套膜收缩，外套膜失去光泽；濒死贝外套膜萎缩、脱落；鳃丝灰暗，有污物黏附；闭壳肌无力，呈灰白色，微张着口；内脏团外观上无明显特征；显微观察显示，在发病贝的鳃、外套膜、消化肠管等上皮组织细胞中可发现大量感染的 RLO 包涵体，感染严重区域往往伴有组织细胞的坏死和细胞溶解后形成的空洞。

③ 流行情况：该病与温度胁迫有较大关系，扇贝死亡主要发生在低温期幼贝阶段，20 ℃以下的温度可能是养殖扇贝幼贝严重而主要的环境胁迫因素；扇贝的死亡高峰在 6 月，累积死亡率约为 60%。

（6）扇贝幼体期流行性弧菌病

① 病原：需钠弧菌（*Vibrio natriegen*）、鳗弧菌（*Virbrio anguillarum*）、溶藻弧菌（*V. alginolyticus*）、副溶血弧菌（*V. parahaemolyticus*）、黑美人弧菌（*V. nigripulchritudo*）和鳗弧菌Ⅱ型（*V. anguillarum* Ⅱ）等。

② 主要症状：患病幼体发病初期游动加剧，多浮于水表面，数小时后大量下沉；镜检多数幼体空胃、面盘肿胀、伸缩力逐渐丧失，有的幼体面盘纤毛部分脱落，甚至整块脱落；幼虫体内可见弧菌。

③ 流行情况：起初多发生在第一批幼体孵出后的第 7～8 天，或投附着基后的 2～3 天；病变发生后，若继续用原来的亲贝产卵孵化，以后批次的幼体发病期会逐次提早，甚至孵化出后第 2～3 天就发病下沉。

（7）哈氏弧菌病

① 病原：哈氏弧菌。

② 主要症状：外套膜不同程度地收缩，重者成片脱落；鳃呈橘红色，重者鳃丝糜烂；肠管空，有的个体消化盲囊肿胀。

③ 流行情况：高温季节发病，病死率近50%。

(8) 扇贝漂浮弧菌病

① 病原：漂浮弧菌。

② 主要症状：病贝肠道及肾肿胀，生殖腺及外套膜萎缩，壳内面变黑。

③ 流行情况：感染育苗期亲贝，使亲贝产卵质量及出苗率降低，危害严重。

(9) 扇贝豆蟹病

① 病原：豆蟹。

② 主要症状：豆蟹寄生在扇贝的外套腔中，能夺取食物，妨碍扇贝摄食，对扇贝的鳃有一定损伤，并使其触须发生溃疡、身体瘦弱。

③ 流行情况：对扇贝一般都不会直接致死，但能使扇贝身体瘦弱；在扇贝海上养殖全过程中寄生率可高达60%以上。

(10) 扇贝幼虫离壶菌病

① 病原：动腐离壶菌，该菌菌丝在扇贝幼虫体内弯曲生长，有少数分支；繁殖时菌丝末端膨大，形成游动孢子囊，囊内的游动孢子形成后，囊上再生出排放管，伸到幼虫体外；从排放管放出的游动孢子在水中作短时间游动后，再去感染其他幼虫。

② 主要症状：患病幼体停止生长和活动，很快死亡；镜检患病幼体体内可见弯曲生长的菌丝体，有时还可见到菌丝末端膨大的含有游动孢子的孢子囊。

③ 流行情况：此病在扇贝幼体的各个时期均可发生，且往往引起幼体的大批死亡。

2. 防治方法

(1) 扇贝育苗期病害防治措施

① 育苗生产前对育苗设施及用具严格消毒，各培育池用具不混用。

② 对育苗用水进行过滤、臭氧或紫外线消毒。

③ 亲贝入池前要严格洗刷、挑选、消毒，暂养、催熟期间每日检查，发现病、死贝及时拣出。

④ 亲贝暂养、催熟期间投喂优质饵料，满足积温要求，保证卵质优良。

⑤ 孵化后进行选优培育。

⑥ 育苗期间定时检测水质，保证水质清新。

⑦ 每天定时镜检幼体2次以上，发现细菌、真菌等感染迹象，及时使用抗生素或抗真菌药物控制。

⑧ 发生大量死亡的培育池，应先对死亡幼体及池水进行消毒处理后再弃掉，以免疾病传播。

⑨ 附着基投放前严格消毒。

（2）扇贝养成期病害防控措施

① 养殖前对养殖海域进行全面调查和养殖容量评估。

② 加强日常管理，发现病、死贝及时拣出并带到岸上进行无害化处理，以免疾病传播。

③ 进行多品种生态养殖。

四、育种单位和种苗供应单位

（一）育种单位

1. 青岛农业大学

地址和邮编：山东省青岛市城阳区长城路 700 号，266109

联系人：王春德

电话：13589227997

2. 青岛海弘达生物科技有限公司

地址和邮编：青岛市株洲路 153 号青岛市高创中心 1 号楼西翼 1702 室，266061

联系人：马斌

电话：13808976169

（二）种苗供应单位

青岛海弘达生物科技有限公司

（三）编写人员名单

王春德，刘博，马斌，赵玉明，赵侠。

中华人民共和国农业农村部公告

第28号

第五届全国水产原种和良种审定委员会第二次会议审定通过了三角帆蚌“申紫1号”，第五届全国水产原种和良种审定委员会第五次会议审定通过了异育银鲫“中科5号”等18个水产新品种，现予公告。

附件：1. 品种名录

2. 品种简介

农业农村部

2018年5月21日

附件1

品 种 名 录

品种登记号	品种名称	育种单位
GS-01-001-2017	异育银鲫“中科5号”	中国科学院水生生物研究所、黄石市富尔水产苗种有限责任公司
GS-01-002-2017	滇池金线鲃“鲃优1号”	中国科学院昆明动物研究所、深圳华大海洋科技有限公司、中国水产科学研究院淡水渔业研究中心
GS-01-003-2017	福瑞鲤2号	中国水产科学研究院淡水渔业研究中心
GS-01-004-2017	脊尾白虾“科苏红1号”	中国科学院海洋研究所、江苏省海洋水产研究所、启东市庆健水产养殖有限公司
GS-01-005-2017	脊尾白虾“黄育1号”	中国水产科学研究院黄海水产研究所、日照海辰水产有限公司
GS-01-006-2017	凡纳滨对虾“正金阳1号”	中国科学院南海海洋研究所、茂名市金阳热带海珍养殖有限公司

（续）

品种登记号	品种名称	育种单位
GS-01-007-2017	凡纳滨对虾“兴海1号”	广东海洋大学、湛江市德海实业有限公司、湛江市国兴水产科技有限公司
GS-01-008-2017	中国对虾“黄海5号”	中国水产科学研究院黄海水产研究所
GS-01-009-2017	青虾“太湖2号”	中国水产科学研究院淡水渔业研究中心、无锡施瑞水产科技有限公司、深圳华大海洋科技有限公司、南京市水产科学研究所、江苏省渔业技术推广中心
GS-01-010-2017	虾夷扇贝“明月贝”	大连海洋大学、獐子岛集团股份有限公司
GS-01-011-2017	三角帆蚌“申紫1号”	上海海洋大学，金华市浙星珍珠商贸有限公司
GS-01-012-2017	文蛤“万里2号”	浙江万里学院
GS-01-013-2017	缢蛏“申浙1号”	上海海洋大学、三门东航水产育苗科技有限公司
GS-01-014-2017	刺参“安源1号”	山东安源水产股份有限公司、大连海洋大学
GS-01-015-2017	刺参“东科1号”	中国科学院海洋研究所、山东东方海洋科技股份有限公司
GS-01-016-2017	刺参“参优1号”	中国水产科学研究院黄海水产研究所、青岛瑞滋海珍品发展有限公司
GS-02-001-2017	太湖鲂鲌	浙江省淡水水产研究所
GS-02-002-2017	斑节对虾“南海2号”	中国水产科学研究院南海水产研究所
GS-02-003-2017	扇贝“青农2号”	青岛农业大学、青岛海弘达生物科技有限公司

附件2

品 种 简 介

一、品种登记说明

全国水产原种和良种审定委员会审定通过的品种登记号说明如下：

（一）“G”为“国”的第一个拼音字母，“S”为“审”的第一个拼音字母，以示国家审定通过的品种。

（二）“01”“02”“03”“04”分别表示选育、杂交、引进和其他类品种。

（三）“001”“002”……为品种顺序号。

（四）“2017”为审定通过的年份。

如：“GS-01-001-2017”为异育银鲫“中科5号”的品种登记号，表示2017年国家审定通过的排序1号的选育品种。

二、品种简介

（一）品种名称：异育银鲫“中科5号”

品种登记号：GS-01-001-2017

亲本来源：遗传标记鉴别的银鲫雌核生殖系E系、团头鲂、兴国红鲤

育种单位：中国科学院水生生物研究所、黄石市富尔水产苗种有限责任公司

品种简介：该品种是在1995年利用团头鲂精子激活银鲫E系的卵子，再经冷休克处理获得携带团头鲂遗传物质的雌核生殖核心群体的基础上，以生长速度和抗病性为目标性状，采用雌核生殖纯化、群体选育和分子标记辅助育种技术，用兴国红鲤精子刺激进行连续10代雌核生殖扩群选育而成。在相同养殖条件下，与异育银鲫“中科3号”相比，在投喂低蛋白（27%）低鱼粉（5%）饲料时，生长速度平均提高18.2%，抗鲫疱疹病毒能力平均提高12.6%，抗体表黏孢子虫病能力平均提高21.0%。适宜在全国各地人工可控的淡水水体中养殖。

（二）品种名称：滇池金线鲃“鲃优1号”

品种登记号：GS-01-002-2017

亲本来源：滇池金线鲃牧羊河野生群体

育种单位：中国科学院昆明动物研究所、深圳华大海洋科技有限公司、中国水产科学研究院淡水渔业研究中心

品种简介：该品种是以2004年采自盘龙江上游牧羊河的野生滇池金线鲃5 000尾个体为基础群体，以生长速度和肌间刺弱化为目标性状，采用群体选育技术，经连续4代选育而成。在相同养殖条件下，与未经选育的滇池金线鲃相比，24月龄滇池金线鲃“鲃优1号”体长平均提高20.5%，体重平均提高37.0%；肌间刺简化弱化，分支分叉等复杂刺形的肌间刺占比平均减少78.5%。适宜在全国各地人工可控的10～25 ℃淡水水体中养殖。

（三）品种名称：福瑞鲤2号

品种登记号：GS-01-003-2017

亲本来源：建鲤、黄河鲤和黑龙江野鲤野生群体

育种单位：中国水产科学研究院淡水渔业研究中心

品种简介：该品种是以2004年从江苏无锡收集的建鲤、黄河郑州段收集的黄河鲤和黑龙江哈尔滨段收集的黑龙江野鲤为原始亲本，通过完全双列杂交

建立自交、正反交家系构成选育基础群体，以生长速度和成活率为目标性状，采用 BLUP 选育技术，经连续 5 代选育而成。在相同养殖条件下，养殖 16 个月的福瑞鲤 2 号生长速度与同龄普通养殖鲤相比平均提高 22.9%，成活率平均提高 6.5%。适宜在全国各地人工可控的淡水水体中养殖。

（四）品种名称：脊尾白虾“科苏红 1 号”

品种登记号：GS－01－004－2017

亲本来源：脊尾白虾养殖群体

育种单位：中国科学院海洋研究所、江苏省海洋水产研究所、启东市庆健水产养殖有限公司

品种简介：该品种以 2012 年在江苏启东沿海脊尾白虾养殖池塘中发现的体色突变为红色的个体作为亲本，以红色体色为目标性状，采用群体选育技术，经连续 4 代选育而成。表皮和肌肉均为红色，富含类胡萝卜素和虾青素。在相同养殖条件下，与未经选育的脊尾白虾相比，体色经三文鱼肉色标准比色尺（*Salmo*Fan™ Lineal）测量的色度值平均在 30 以上，红体色虾占比 100%。适宜在全国各地人工可控的海水和咸淡水地区养殖。

（五）品种名称：脊尾白虾“黄育 1 号”

品种登记号：GS－01－005－2017

亲本来源：脊尾白虾野生群体

育种单位：中国水产科学研究院黄海水产研究所、日照海辰水产有限公司

品种简介：该品种是以 2011 年从渤海湾、莱州湾、胶州湾、海州湾和象山湾收集的约 3 万尾野生脊尾白虾为基础群体，以生长速度为目标性状，采用群体选育技术，经连续 6 代选育而成。在相同养殖条件下，与未经选育的野生脊尾白虾相比，3 月龄体长平均提高 12.6%，体重平均提高 18.4%。适宜在天津、河北、江苏、浙江和山东沿海养殖。

（六）品种名称：凡纳滨对虾“正金阳 1 号”

品种登记号：GS－01－006－2017

亲本来源：凡纳滨对虾养殖群体

育种单位：中国科学院南海海洋研究所、茂名市金阳热带海珍养殖有限公司

品种简介：该品种是以 2011 年引进的泰国正大卜蜂集团、美国科纳湾海洋资源公司、夏威夷海洋研究所的凡纳滨对虾和凡纳滨对虾“中科 1 号”（GS－01－007－2010）种虾为基础群体，以耐低温、耐低盐、成活率和生长速

度为目标性状，采用家系选育和品系选育相结合的育种技术，经连续 4 代选育而成。在水温 12～18 ℃养殖条件下，与凡纳滨对虾“中科 1 号”和美国对虾改良系统有限公司虾苗相比，成活率分别平均提高 16%和 24%，生长速度分别平均提高 10%和 13%。适合我国海水、咸淡水和淡水养殖区域养殖。

（七）品种名称：凡纳滨对虾“兴海 1 号”

品种登记号：GS－01－007－2017

亲本来源：凡纳滨对虾养殖群体

育种单位：广东海洋大学、湛江市德海实业有限公司、湛江市国兴水产科技有限公司

品种简介：该品种是以 2011 年分别从广东湛江和广西东兴 7 个不同养殖群体中挑选的 3 880 尾凡纳滨对虾为基础群体，以成活率和体重为目标性状，采用 BLUP 选育技术，经连续 4 代选育而成。在相同养殖条件下，与美国对虾改良系统有限公司一代苗相比，100 日龄成活率平均提高 15.0%，体重无显著差异；与美国对虾改良系统有限公司二代苗相比，成活率平均提高 11.1%，体重平均提高 12.6%。适宜在我国南方沿海养殖。

（八）品种名称：中国对虾“黄海 5 号”

品种登记号：GS－01－008－2017

亲本来源：中国对虾“黄海 2 号”和野生群体

育种单位：中国水产科学研究院黄海水产研究所

品种简介：该品种是以 2009 年分别从山东海阳、日照附近海域、朝鲜半岛西海岸野生群体和中国对虾“黄海 2 号”（GS－01－002－2008）群体中收集挑选的 1 200 尾个体为基础群体，以抗病性和生长速度为目标性状，采用多性状复合育种技术，经连续 6 代选育而成。在相同养殖条件下，与未经选育的中国对虾相比，白斑综合征病毒抗性平均提高 30.1%，生长速度平均提高 26.5%。适宜在浙江及以北人工可控的海水中养殖。

（九）品种名称：青虾“太湖 2 号”

品种登记号：GS－01－009－2017

亲本来源：杂交青虾“太湖 1 号”

育种单位：中国水产科学研究院淡水渔业研究中心、无锡施瑞水产科技有限公司、深圳华大海洋科技有限公司、南京市水产科学研究所、江苏省渔业技术推广中心

品种简介：该品种是以 2009 年中国水产科学研究院淡水渔业研究中心大

浦科学试验基地繁育的 1 300 千克杂交青虾“太湖 1 号”（GS－02－002－2008）为基础群体，以生长速度为目标性状，采用群体选育技术，经连续 6 代选育而成。在相同养殖条件下，与杂交青虾“太湖 1 号”相比，体重平均提高 17.2％。适宜在我国人工可控的淡水水体中养殖。

（十）品种名称：虾夷扇贝“明月贝”

品种登记号：GS－01－010－2017

亲本来源：虾夷扇贝养殖群体

育种单位：大连海洋大学、獐子岛集团股份有限公司

品种简介：该品种是以 2007 年从辽宁大连和山东长岛海域虾夷扇贝养殖群体中收集挑选的 1 000 枚个体为基础群体，以壳色和壳高为目标性状，采用群体选育和家系选育技术，经连续 4 代选育而成。贝壳双面均为白色。在相同养殖条件下，与未经选育的虾夷扇贝相比，20 月龄贝壳高平均提高 12.3％。适宜在辽宁和山东沿海养殖。

（十一）品种名称：三角帆蚌“申紫 1 号”

品种登记号：GS－01－011－2017

亲本来源：鄱阳湖、洞庭湖采集的野生三角帆蚌

育种单位：上海海洋大学、金华市浙星珍珠商贸有限公司

品种简介：该品种是以 1998 年从鄱阳湖和洞庭湖采集的 5 000 个野生三角帆蚌构建基础群体，以贝壳珍珠质深紫色、个体大为目标性状，采用群体选育辅以家系选择方法，经连续 5 代选育而成。该品种最大特点是贝壳珍珠质深紫色，紫色个体比例达 95.6％，插珠 18 个月后，所育紫色珍珠比例达 45.8％，在相同养殖条件下，与未经选育的三角帆蚌相比，所育紫色珍珠比例提高 43.0％。适宜在全国各地人工可控的淡水水体中养殖。

（十二）品种名称：文蛤“万里 2 号”

品种登记号：GS－01－012－2017

亲本来源：文蛤养殖群体

育种单位：浙江万里学院

品种简介：该品种是以 2006 年从山东东营自然种群移养浙江的文蛤养殖群体中收集挑选的 2 000 枚暗灰底色、锯齿花纹个体为基础群体，以壳色和体重为目标性状，采用群体选育技术，经连续 4 代选育而成。贝壳为暗灰底色、锯齿花纹。在相同养殖条件下，与未经选育的文蛤相比，2 龄贝体重平均增加 34.8％。适宜在山东、江苏、浙江和福建沿海养殖。

（十三）品种名称：缢蛏“申浙1号”

品种登记号：GS－01－013－2017

亲本来源：缢蛏野生群体

育种单位：上海海洋大学、三门东航水产育苗科技有限公司

品种简介：该品种是以2008年从浙江乐清湾海域野生群体中收集挑选的1 200枚个体作为基础群体，以壳长和体重为目标性状，采用群体选育技术，经连续5代选育而成。在相同养殖条件下，与未经选育的缢蛏相比，9月龄缢蛏壳长和体重分别平均提高17.4%和38.2%。适宜在浙江、福建、江苏和广东沿海养殖。

（十四）品种名称：刺参“安源1号”

品种登记号：GS－01－014－2017

亲本来源：刺参“水院1号”

育种单位：山东安源水产股份有限公司、大连海洋大学

品种简介：该品种是以2008年从刺参“水院1号”（GS－02－005－2009）选育群体中筛选的350头个体为基础群体，以体重和疣足数量为目标性状，采用群体选育技术，经连续4代选育而成。在相同养殖条件下，与刺参“水院1号”相比，24月龄体重平均提高10.2%，平均疣足数量稳定在45个以上，疣足数量平均提高12.8%。该品种适宜在辽宁、山东和福建沿海养殖。

（十五）品种名称：刺参“东科1号”

品种登记号：GS－01－015－2017

亲本来源：刺参养殖群体

育种单位：中国科学院海洋研究所、山东东方海洋科技股份有限公司

品种简介：该品种是以2005年分别从山东烟台及蓬莱、青岛即墨及黄岛、日照岚山的5个刺参养殖群体中收集挑选的740头个体为基础群体，以体重和度夏成活率为目标性状，采用群体选育技术，经连续4代选育而成。在相同养殖条件下，与未经选育的刺参群体相比，24月龄参体重平均提高23.2%，度夏成活率平均提高13.6%。适宜在山东和河北沿海池塘养殖。

（十六）品种名称：刺参“参优1号”

品种登记号：GS－01－016－2017

亲本来源：刺参野生群体

育种单位：中国水产科学研究院黄海水产研究所、青岛瑞滋海珍品发展有

限公司

品种简介：该品种是以 2006—2007 年从我国大连、烟台、威海、青岛和日本北海道野生刺参群体中收集挑选的 5 050 头个体为基础群体，以体重和抗病性为目标性状，采用群体选育技术，经连续 4 代选育而成。在相同养殖条件下，与未经选育的刺参相比，6 月龄刺参养成收获体重平均提高 26.5%，抗灿烂弧菌侵染力平均提高 11.7%，成活率平均提高 23.5%。适宜在福建以北沿海养殖。

（十七）品种名称：太湖鲂鲌

品种登记号：GS－02－001－2017

亲本来源：翘嘴鲌（♀）×三角鲂（♂）

育种单位：浙江省淡水水产研究所

品种简介：该品种是以 2004 年从南太湖沿岸水域采捕并经连续两代群体选育及两代异源雌核发育诱导筛选获得的翘嘴鲌子代为母本，以 2007 年从湖州德清三角鲂良种场引进并经三代群体选育的三角鲂子代为父本，通过人工杂交获得的 F1 代，即“太湖鲂鲌”。在相同养殖条件下，与母本翘嘴鲌相比，18 月龄鱼生长速度平均提高 48.2%，鱼种饲料蛋白最适需求量平均降低 12.3%；与父本三角鲂相比，抢食能力更强，肉质鲜嫩度提高。适宜在全国各地人工可控的淡水水体中养殖。

（十八）品种名称：斑节对虾“南海 2 号”

品种登记号：GS－02－002－2017

亲本来源：斑节对虾“南海 1 号”（♀）×斑节对虾非洲品系（♂）

育种单位：中国水产科学研究院南海水产研究所

品种简介：该品种是以斑节对虾“南海 1 号”（GS－01－009－2010）为母本，以 2009 年从非洲南部附近海域引进并经 5 代家系选育获得的斑节对虾非洲品系为父本，经杂交获得的 F1 代，即斑节对虾“南海 2 号”。在相同养殖条件下，4 月龄虾成活率比母本“南海 1 号”平均提高 12.4%，生长速度比父本非洲品系平均提高 10.2%；与斑节对虾非洲野生群体繁殖的一代苗相比，4 月龄虾成活率平均提高 13.5%，生长速度平均提高 26.5%。适宜在我国沿海人工可控的海水和咸淡水水体中养殖。

（十九）品种名称：扇贝“青农 2 号”

品种登记号：GS－02－003－2017

亲本来源：紫扇贝（♀）×和海湾扇贝（♂）

育种单位：青岛农业大学、青岛海弘达生物科技有限公司

品种简介：该品种是以 2009 年从秘鲁引进的紫扇贝雌性群体与山东胶南海域养殖的海湾扇贝雄性群体通过种间杂交获得的杂交一代群体为母本，以山东胶南海域养殖的海湾扇贝为父本进行回交，从回交一代中选择 2 000 个大个体作为基础群体，以壳高和体重为目标性状，采用群体选育技术，经连续 4 代选育而成。左壳为黑褐色，右壳为白色。在相同养殖条件下，与未经选育的海湾扇贝相比，7 月龄贝壳高平均提高 15.6%，体重平均提高 45.3%。适宜在我国黄渤海海域养殖。

图书在版编目（CIP）数据

2018水产新品种推广指南 / 全国水产技术推广总站编 .—北京：中国农业出版社，2018. 10
ISBN 978 - 7 - 109 - 24797 - 0

Ⅰ. ①2…　Ⅱ. ①全…　Ⅲ. ①水产养殖-指南　Ⅳ. ①S96 - 62

中国版本图书馆CIP数据核字（2018）第249751号

中国农业出版社出版
（北京市朝阳区麦子店街18号楼）
（邮政编码 100125）
责任编辑　王金环　郑　珂

北京中兴印刷有限公司印刷　　新华书店北京发行所发行
2018年10月第1版　　2018年10月北京第1次印刷

开本：700mm×1000mm　1/16　　印张：14　　插页：2
字数：250千字
定价：58.00元